Jürgen Teipel

Mittagsschlaf mit Murmeltier

Erstaunliche Beziehungsgeschichten
zwischen Tier und Mensch

dtv

Ausführliche Informationen über
unsere Autorinnen und Autoren und ihre Bücher
finden Sie unter www.dtv.de

Dieses Buch ist auch als eBook erhältlich.

MIX
Papier aus verantwortungsvollen Quellen
FSC® C083411
FSC www.fsc.org

Originalausgabe 2021

Umschlaggestaltung: www.buerosued.de unter Verwendung eines Fotos von Michaela Walch, www.naturfoto-walch.com, Innsbruck
Satz: Fotosatz Amann, Memmingen
Gesetzt aus der Dante MT
Druck und Bindung: CPI books GmbH, Leck
Printed in Germany • ISBN 978-3-423-26290-3

Inhalt

Vorwort

Bis vor zehn Jahren hatte ich wenig mit Tieren zu tun und machte mir auch kaum Gedanken um Tiere. Am meisten noch dadurch, dass ich schon seit den Achtzigern kein Fleisch mehr aß, weil ich die Massentierhaltung einfach furchtbar fand (sicher aber auch, um nicht zur breiten Masse zu gehören, denn als Vegetarier war man damals noch eine Art Marsmensch).

Aber nun wurden mir im persönlichen Umfeld auf einmal Geschichten erzählt, in denen es auch immer wieder um besondere Erlebnisse mit Tieren ging. Dadurch merkte ich zum einen, wie unmittelbar so eine Tiergeschichte nicht nur bei mir, sondern auch bei den anderen Zuhörern zündete, und zum andern, dass mein Leben einmal anders ausgesehen hatte. Dass Tiere für mich, vor allem zu Kinderzeiten, eine viel größere Rolle gespielt hatten.

Klar, Tiere sind anders als wir – aber sie sind auch nicht *wesentlich* anders. Ich glaube, wenn sie uns fremd vorkommen, dann deshalb, weil wir uns als Spezies so weit von unseren eigenen tierischen Wurzeln entfernt haben. Nicht nur, dass wir anders leben, wir haben oft auch keinen unmittelbaren Zugang mehr zu unserem Körper und unseren Gefühlen. Und bei den Tieren geht es gerade um diese Dinge. Nicht nur bei lebendigen Tieren, sondern auch in Geschichten; in ebenjener archaischen, uns oft unbewussten Vorstellungswelt, von der wir uns ebenfalls immer weiter entfernen. Ich merkte bei diesen Erzählabenden, dass oft schon einfache Wörter wie Känguru oder Grashüpfer genügten, um jedem ein Schmunzeln zu entlocken. Tiere bedeuten uns etwas. Sie sind eine grundlegendere Version von uns selbst.

Ich fragte mich also: Wie können wir den Bezug zu diesen Basics wiederherstellen, zu dem, was wir an Unschuld, an Spontaneität, an Körperlichkeit verloren haben? Und können uns Tiere bei dieser Wiederherstellung vielleicht sogar helfen? Diese Fragen wollte ich mir allerdings nicht vornehmlich auf intellektueller Ebene beantworten lassen, sondern, wenn man den Intellekt als eine von vielen menschlichen Sinnesebenen begreift, auf *allen* Sinnesebenen. Ich wollte auch etwas übers Sehen, Hören, Riechen, Schmecken erfahren. Über Freude, Trauer und Wut. Und zwar ganz direkt. Aus der persönlichen Erfahrung der Menschen heraus.

Dazu lag es natürlich nahe, erst mal meinen Bekanntenkreis abzuklappern. Eine befreundete Popsängerin erzählte mir von ihrem Arzt, der gleichzeitig auch Tierarzt war. Ich weiß noch, wie ich staunte. »Was? Du gehst zu einem Tierarzt?« Aber eigentlich passte es ganz und gar zu ihrer unkonventionellen Art – und machte mich neugierig. Also besuchte ich den Tierarzt – Christian Torp, er wohnt in der Nähe von Kiel –, um einen ganz normalen Arbeitstag mit ihm zu verbringen. Wir frühstückten, fuhren los. Ich fühlte mich sofort wohl mit ihm, netter Typ, wir waren gleich per du. Er erzählte, dass es heute um verschiedene kranke Pferde gehe.

Das erste Pferd – ein kleines schwarzes – stand alleine in einem niedrigen, eher düsteren Raum mit kleinen Fenstern – und wirkte einfach nur todtraurig. Es ließ sich so richtig hängen. Nun kam das, was Christian als »durchn Zoll gehen« bezeichnete. Erst mal kennenlernen. Alles ganz ruhig und gemächlich. Wir müssen noch zu vier oder fünf anderen Pferden im weiteren Umkreis von Kiel, aber wir scheinen ewig Zeit zu haben. Christian piekt mit dem Zeigefinger in eine weiche Stelle seitlich unter dem Ohr des Pferdes. Das ist seine Kontaktstelle, durch die er sich quasi einloggt. Er brummelt eine Weile vor sich hin, gibt sozusagen die Daten wieder, die er empfängt. »Du musst wieder fröhlicher werden«, sagt er. – Danach legt er dem Pferd ein bisschen die Hand auf. Meditiert ein bisschen vor sich hin. Und als wir rausgehen, steht Leonie – so heißt das Pferd – da wie eine Eins. Kuckt nicht mehr traurig aus dem Fenster. Sogar der Raum erscheint heller. Und das alles, obwohl Christian im eigentlichen Sinne nichts getan hat. Kein Mittel verabreicht hat. Nur seine persönliche Art von Akupunktur angewandt hat. Ohne Nadeln!

Und so geht das den ganzen Tag weiter. Pferde sind bissig – und sind es plötzlich nicht mehr (wobei in einem Fall das Bissigste an dem Pferd seine beiden Besitzerinnen zu sein schienen). Pferde zucken bei Berührung eines bestimmten Punkts vor Schmerzen zusammen – und dann nicht mehr … Christian löst Blockaden, wie er sagt, und er garantiert den Besitzern, dass diese Blockaden nie mehr wiederkommen. Und auch bei mir löst er ein paar Blockaden. Als ehemaliger Journalist ist mir die Skepsis, das kritische Hinterfragen, in Fleisch und Blut übergegangen. Aber sogar ich muss mir am Ende des Tages eingestehen, dass ich noch kaum etwas Beeindruckenderes erlebt habe als diese Tour mit Christian Torp.

Danach kamen noch viele weitere Begegnungen mit Menschen, die zu Tieren eine enge Beziehung aufgebaut hatten. Zum Beispiel mit der Reittherapeutin Sibylle Wiemer, die ich insgesamt drei Mal an verschiedenen Orten traf und die mir von ihrem Pferd Piko erzählte, mit dem zusammen sie eine junge krebskranke Frau in den Tod begleitet hatte.* Oder mit Martina Schiestl, mit

* s. *Unsere unbekannte Familie*, 2017

der ich im überdachten Innenhof eines Wiener Cafés saß, während sie mir fast drei Stunden lang von ihrer Arbeit mit Raben berichtete, für die sie – eine kluge, junge Forscherin – so richtig brannte.

Ich besuchte den Künstler René Nebas in dessen ich-weiß-nicht-wie-vieleckigem Wohn- und Arbeitstempel und war fasziniert von der Schilderung seiner Freundschaft mit einem riesigen Hängebauchschwein; saß bei der achtundsiebzigjährigen Frau Walser in der Küche, bei offenem Fenster, mit Blick auf die Arche, die sie aus ihrem Garten gemacht hatte, voll von Tieren; traf mich mit Maria Anna Müller und Rolf Beutler auf ihrer Hochalp an der Schweizer Grenze zu Italien und ließ mir von Rolf etwas über seine cleveren, mutigen Hüte- und Herdenschutzhunde erzählen, während die Helden der Geschichten unter dem Tisch lagen und hin und wieder entschieden darauf drangen, jetzt sofort gestreichelt zu werden.

Und schließlich die letzte Geschichte: die von Tierkommunikatorin Karin Müller, auf die Christian Torp mich schon vor Jahren aufmerksam gemacht hatte. Aber Tierkommunikation – das war mir damals doch allzu esoterisch erschienen. Jetzt dagegen: Überhaupt kein Problem! Natürlich erzählte sie immer wieder von Situationen, die außerhalb meiner Erfahrungswelt lagen. Aber dass da jemand aus echter, eigener Erfahrung sprach, das war mir völlig klar. – Und auf einmal erwähnte sie Sibylle Wiemer, deren Therapiepferde Piko und Leo ihrem Kind überhaupt erst ein schmerzfreies Leben ermöglicht hatten. Das neun Wochen alte Baby hatte das, was man früher als Schiefhals bezeichnete, weshalb es ständig schrie. Aber den drei, vier Ärzten, bei denen Karin bis dato gewesen war, war nichts Besseres eingefallen, als Medikamente gegen Dreimonatsblähungen zu verschreiben. Man erinnere sich: Sibylle Wiemer hatte mir viele Jahre zuvor in ganz anderem Zusammenhang von genau jenem Piko erzählt. Ich hatte das Gefühl: Ein Kreis schließt sich. Ich bin angekommen. Das Buch ist fertig.

Und vielleicht schloss sich sogar noch ein anderer Kreis. Denn als ich ein Jahr alt war, war bei mir ebenfalls eine Art »Schiefhals« diagnostiziert worden. Das Problem lag nur ein bisschen weiter unten. Im mittleren Rücken. Und ich hatte mir im späteren Leben oft gewünscht, dass es damals schon so sanfte Methoden wie die Pferdetherapie gegeben hätte. Was natürlich Anfang der Sechziger nicht mal *denkbar* war. Meine Mutter hatte nur die Wahl zwischen mehr oder weniger drakonischen Maßnahmen, die sich viele Jahre hinzogen – und konnte von Glück sagen, dass ich ein Tier hatte, den Wellensittich Kasimir, der auf mich aufpasste, wenn sie kurz mal Kohlen aus dem Keller holte. – Ich erinnere mich sehr gut an Kasimir. Ich nannte ihn Hansi, weil ich »Kasimir« nicht aussprechen konnte. Er saß oft auf dem Rand meines Gitterbettchens. Und in meiner kindlichen Vorstellungswelt – oder sagen wir es so: Ich *wusste*, dass er eine erwachsene Seele war, die auf mich aufpasste. Dass ich bei ihm aufgehoben war. Und das war *bei mir* Teil der Heilung.

Jürgen Teipel
Schondorf am Ammersee
im Dezember 2020

www.jteipel.com

Glücksklee

Erzählt von René Nebas, Buchloe / Ostallgäu

Das Ganze war ne echte Schnapsidee von mir. Meine Frau hatte das Kostüm für die hiesige Faschingskönigin gemacht. Und dann waren wir hier bei der Eröffnung von diesem Faschingsball mit einem Freund beim Schnapstrinken und ich denk: »Jetzt könnte ich mir hier draußen« – wir waren drei Jahre zuvor aus München hergezogen – »doch auch mal ganz was anderes halten als den üblichen Hund.« Und unser Freund hat halt jemanden gekannt, der Hängebauchschweine gezüchtet hat.

Ein paar Tage später bin ich zu dem Stall von diesem Züchter gefahren – und war erst mal ganz schön betroffen. Die Schweine hatten's echt nicht schön da. Enge Verschläge, in die sie gerade mal so reinpassten. Die wurden gehalten, damit sie geschlachtet werden. Punkt! Das war ganz klar. Die sind am Spieß gelandet. Das waren Spanferkel.

Jetzt lag dieser Stall aber in einer Gegend, in der viele Wildschweine unterwegs waren. Und eines der Hängebauchschweine hatte Junge von einem Wildschwein-Eber gekriegt. Mischlinge also. Mit längeren Schnauzen als reine Hängebauchschweine. Und ganz kurzen Beinen. Aus diesem Wurf holte ich mir ein wirklich winziges und superfreches Schweinchen. Wutz. Bis dahin hab ich gar nicht so viel Erfahrung mit Tieren gehabt – musste mich jetzt also richtiggehend reinschaffen in die Materie. Weil, es gibt ja auch keine Erziehungsanleitung für Schweine. Das hat lange gedauert, bis ich mir ihr Vertrauen erarbeitet hatte. Die hat sich am Anfang sehr zurückgezogen. Das war, warum auch immer, so eine Art Grundscheu dem Menschen gegenüber. Immerhin durfte ich ihr was zu essen geben. Aber danach war's gleich wieder so: »Okay, und jetzt hau ab.« Das brachte sie mit einer derartigen Bestimmtheit rüber – ich hab einen Riesenrespekt bekommen vor dieser Instinktschlauheit, die sie an den Tag gelegt hat.

Oder, ähnliche Situation: Kohl oder Pilze mochte sie überhaupt nicht. Das wurde beschnuppert: »Nee!« Ich dacht' mir oft: »Mann, das ist doch lecker! Das kannst du doch mal probieren!« Aber da war nichts zu machen. Da hat sie ihren eigenen Kopf gehabt. Total. Und sie war auch in keiner Weise unterwürfig. Noch dazu hat sie ganz schnell gecheckt, wo meine eigenen Unsicherheiten waren. Die hat mich echt getestet. Zum Beispiel wollte ich unseren Garten ja auch zu *ihrer* Heimat machen. Zu *ihrem* Revier – in dem sie sich frei bewegen kann. Aber sie hat ständig alles aufgewühlt. Klar. Aber ich hatte halt erst kurz zuvor jeden einzelnen Baum, jeden Strauch, jedes einzelne Pflänzchen, das hier steht, selber eingepflanzt. Da war ich mit ihr echt oft am Rand des Wahnsinns. Es hat einfach nicht funktioniert. Dann hab ich gesagt: »Okay, wenn das nicht aufhört, kann ich dich nicht mehr laufen lassen. Dann muss ich dich einsperren. Obwohl ich das gar nicht will. Das musst du jetzt endlich checken, verdammte Scheiße!«

Im Grunde ging es da um ne klare Ansage: Da ist die Grenze! Und zwar ne *richtige* Grenze. Das ist mir teilweise schwergefallen. Auch wegen dieser romantischen, naiven, manchmal auch einfach dummen Sicht auf Tiere, zu der viele Menschen neigen. Bis mir klar wurde: Schweine brauchen das! Die gehen ja teilweise ganz schön ruppig miteinander um. Hier am Lech gibt's einen Wildpark, in dem ich das öfter beobachten konnte. Das ist fast archaisch. Als Mensch rempelst du einen nervigen Zeitgenossen nicht einfach aus dem Weg. Schweine tun genau das. Und akzeptieren auch nur das. Die können ja nicht sagen: »Hier ist *mein* Platz! Schluss! Punkt!« Also stellen sie Körperkontakt her. Aber dann ist' auch wieder gut. Das hat eine große Eindeutigkeit und Klarheit. In der Rotte gibt es nichts, was unterschwellig oder hintenrum eine Rolle spielt. Und deswegen ist das Zusammengehörigkeitsgefühl unter Schweinen elementar. In der Rotte sind die unschlagbar. – Was dann auch ein wesentlicher Faktor in der Beziehung zwischen der Wutz und mir gewesen ist. Ich war in gewisser Weise ihre Rotte. Und sie war meine. Natürlich gab's für mich immer noch meine Familie. Ich bin ja kein isolierter Mensch. Aber sie und ich waren eine eigene Gemeinschaft.

Wichtig war da auch das gemeinsame Spazierengehen. Heute ist hier alles zugebaut. Aber damals konnte man noch vom Garten aus über einen Trampelpfad auf die Weide gehen. Da kam sie dann hinter mir hergelaufen. Und die Katze hintendrein. Das war oft wie so ne kleine Prozession.

Rückblickend war das vielleicht eine meiner glücklichsten Zeiten im Leben. Wir haben uns ins Gras gelegt. Ich konnte Gras und Erde riechen. Es war alles sehr sinnlich. Das Wort »Glücksschwein« bekam auf einmal eine ganz andere Bedeutung. Ich konnte das, was damit gemeint ist, ganz direkt erfahren. Ich fand auch auf einmal ständig vierblättrige Kleeblätter. Über die Jahre eine absolut irre Zahl. Ansonsten bin ich eher ein luftorientierter Mensch. Aber dadurch, dass ich mit einem durch und durch erdverbundenen Tier unterwegs war – ein Schwein gräbt in der Erde, es wühlt in der Erde –, bekam ich auch selber viel mehr Bezug zu diesem Element.

Und das drückt unsere Beziehung auch insgesamt aus. Ich war ja hier als Künstler mit einem für die hiesige Umgebung völlig absurden Haus eingeschwebt. Und zwar hatte ich die drei Grundbereiche des menschlichen Lebens – Körper, Geist und Seele – in drei Grundformen übertragen: Kreis, Quadrat und Pyramide. Das durchzieht unser Haus bis ins kleinste Detail, bis in die Waschbecken, in die Säulen. Ganzheit! Für die Leute hier waren wir natürlich erst mal Außerirdische. Das hat eine Weile gedauert, bis wir akzeptiert wurden. Und deswegen war ich oft einsam. Trotz der Familie. Da war die Wutz ein großer Trost. Sie bedeutete für mich: einzuwurzeln. Ich hab mir zwar oft vorgestellt, ich wachse mit den Bäumchen im Garten mit; aber sie hat das noch mal auf eine ganz andere, emotionale Weise geschafft.

Deshalb hat's mich dann auch sehr irritiert, dass ihr schon relativ früh die Augen zugewachsen sind. Sie bekam immer mehr von diesen schweren Hautwülsten im Gesicht und konnte dadurch immer weniger sehen. Da habe ich noch ein Bild im Kopf – da war sie eineinhalb Jahre oder so was. Sie war weggelaufen und ich war eigentlich stinkig. Aber dann seh ich sie hinten auf dem Feld stehen und alle Kühe um sie rum. Was sie sicherlich nur undeutlich erkennen konnte. Sie merkte nur: »Da sind irgendwie diese großen Schatten und die wollen mir anscheinend was.« Und sie immer – ganz todesmutig: zwei Schritte vor! Und wieder zurück! Und wieder vor! Das war wie bei David gegen Goliath; gegen eine ganze Herde von Goliaths! Da kam auch wieder ihre archaische Einstellung rüber: »Ich gebe hier keinen Zentimeter preis. Leckt mich am Arsch! Ich werde mich wehren, bis zum Letzten.« Die Kühe waren wahrscheinlich nur neugierig. Aber sie hat sich halt bedroht gefühlt. Und dann musste ich ihr natürlich helfen.

Mit alldem war's aber ab dem dritten Jahr ganz vorbei. Dann hat sie nämlich gar nichts mehr gesehen. Was dann noch übrig war, das waren ihr Geruchssinn – der war aber wirklich extrem gut ausgebildet – und ihr Gefühl für Stimmungen. Sie war da wie ein Seismograf. Schweine spüren ja genau, welche Stimmung du hast. Ähnlich wie Katzen. Aber sie lassen sich davon noch weniger beeinflussen. Sie bleiben sie selbst. Oder auch ihr Genussgefühl. Wenn die Wutz manchmal in ihrer Suhle lag – im Sommer haben wir ihr mit dem Gartenschlauch immer so ne kleine Schlammecke gemacht –, dann war das Happiness pur. Zweihundert Prozent! Das war für mich wie so ne Botschaft an uns Menschen: So funktioniert Glück. Die Hingabe an den Moment – bei ihr war die absolut. Ich hatte ihr eine schöne große Hütte aus Holz gebaut. Richtig gut isoliert. Und wenn ich ihr da frisches Stroh vom Bauern reingelegt hab: Das war ihr Paradieschen. Oder der Malerfilz, den ich ihr vor die Tür gehängt hab, damit's nicht so zieht. Den hat sie zu sich reingezerrt, sich darin eingewickelt, ihn geradezu zerlegt, drauf rumgekaut ... Und dieses Schmatzen, das sie dabei von sich gegeben hat – du hast gemerkt: *Sie liebt das!*

Und so ging das immerhin insgesamt dreizehn Jahre – in denen sie's meistens gut hatte, glaube ich. Im Sommer lagen wir auf dem warmen Terrassenboden ... Es war richtig muppig. Richtig familymäßig. Nur, irgendwann gab's halt körperlich immer mehr Einschränkungen für sie. Mit acht kam sie wegen ihrem Umfang – sie war inzwischen unglaublich voluminös – so langsam nicht mehr ins Haus. Aber vorher – die konnte jede Tür aufmachen! Natürlich kam sie nicht an die Klinke, aber sie wusste, wie sie mit der Schnauze das Schloss so zum Vibrieren bringen kann, dass die Tür aufgeht. Ich hab mich oft gefragt: »Wie kriegt die das hin? Das wären ja geniale Einbruchsmethoden!« Sie konnte auch die Tür zu meinem Atelier öffnen. Dort war sie besonders gern; auch während der Malkurse, die ich gebe. Die Kinder haben das geliebt. Aber in den letzten Jahren hat sie die Stufe von der Terrasse nach drinnen nicht mehr gepackt. Und ganz am Schluss hat sie sich auch sonst zurückgezogen und wollte kaum noch an unserem Leben teilnehmen.

In den letzten sechs Monaten fing sie dann an zu schreien. Ein ganz hoher Ton, den sie vorher nie von sich gegeben hatte. Und der kam immer wieder. Der Arzt sagte: »Da können wir nicht viel machen, weil, man weiß nicht, was es sein könnte. Das kann Krebs sein …«, sie hatte hinten schon ein Geschwür. Und dann sagte er: »Das macht keinen Sinn mehr.«

Also hab ich mich entscheiden müssen, sie einschläfern zu lassen; hab mich vorher natürlich erkundigt, wie das sanft vonstattengehen kann. – Und dann kam der mit einer riesigen Spritze! Einer Pferdespritze, in die eine ordentliche Dosis passt. Die hat sie dann auch bekommen. Und dann hätte man zwei, drei Stunden warten sollen. Dann kam der wieder – aber sie hat nur friedlich vor sich hingeschlummert! Und geschnarcht! Sie war mit der Pferdespritze nicht totzukriegen. In diesem Moment hat's mir das Herz zerfetzt. Ich fand das derart schlimm. Dann hat er die Dosis erhöht. Und schließlich war's so weit. Sie war tot.

Als der Arzt weg war, bin ich hier im Haus gestanden und hab geheult wie ein Wolf. Irgendwie ist der Schmerz nicht anders aus mir rausgekommen. Ich hab so richtig gemerkt, wie tief ich mit ihr verbunden war. Dann hab ich sie auf einen Schubkarren gelegt, weil sie ja entsorgt werden musste; am nächsten Tag sollte der Transporter kommen. Ursprünglich hatte ich sie hier begraben wollen; aber das war nicht gestattet. Also bin ich mit dem Schubkarren auf die Terrasse, hab mir einen Stuhl geholt, eine Flasche Rum aus Kuba, die ich noch hatte, und ne Zigarre aus Kuba, die ich eigentlich gar nicht rauchen wollte. Und dann hab ich da den Rum in mich reingeschüttet, mir die Zigarre angesteckt – irgendwann war mir schlecht und ich war so besoffen, dass ich reihern musste. Aber das war eben mein Versuch, den

Abschied zu gestalten. Ich hab Rauch an sie rangeblasen; bin noch mal alles durchgegangen, so als ob ihre Seele noch da wär', weil ich wusste: wenn ich das nicht mache, hängt mir das ewig nach; und konnte mich so von ihr verabschieden. Trotzdem war's sehr, sehr schlimm. Gerade die ersten Tage. Niemand mehr, dem du das Essen bringst. Keine Fellpflege. Kein gar nichts.

Als der Transporter dann kam, konnt' ich's nicht mit anschauen. Ich hab sie vor dem Haus hingestellt und musste verschwinden. Mit toten Menschen kann ich durchaus umgehen. Oder mit toten Tieren. Aber wenn ein Freund von dir in einem Müllwagen entsorgt wird – das ist so ohne jegliche Würde; das wollte ich nicht als letzten Eindruck mitnehmen. Und deswegen wird's hier auch nie mehr ein Schwein geben. Definitiv. Dieser Zeitabschnitt ist abgeschlossen. Es war ne einzigartige Beziehung. Solitär in meinem Leben.

Der Pinguin, der immer nieste

Erzählt von Heide Schulz-Vogt, Warnemünde

Das ist sehr lange her. Das war 1996. Da hab ich, zusammen mit einer anderen deutschen Doktorandin, für ein gutes Jahr in nem kleinen chilenischen Fischer- und Badeort gewohnt, in der Nähe von Concepción, wo auch ne kleine meeresbiologische Station ist. Und weil wir mitten unter den Fischern gelebt haben, kannten die uns natürlich alle und brachten eines Tages einen jungen Pinguin vorbei, der am Bauch einen Ölfleck hatte und vollkommen entkräftet war.

Wir Menschen bemerken Ölteppiche im Meer ja meist nur, wenn sie entsprechend groß sind. Aber dass Schiffe mal ein bisschen Öl verlieren oder es auch absichtlich ablassen, das passiert dauernd. Das ist für die Vögel ein großes Problem, denn sie pflegen ihr Gefieder sehr. Sobald sie dreckig sind, fangen sie an, sich zu putzen. Das ist ein ganz tiefer Instinkt bei denen. Und dadurch fressen sie quasi dieses Öl – das sich anschließend um die Magenwände legt, sodass sie verhungern.

Bei Alexander – so nannte ich den Pinguin, weil er wahrscheinlich ein Humboldtpinguin war; genau konnte ich das nicht sagen, weil er noch nicht ausgefärbt war – war das eigentlich nur ein kleiner Fleck. Aber das reichte. Er war ganz abgemagert. Du konntest die Rippen fühlen. Und er konnte gar nicht mehr stehen. Er lag nur noch. Noch dazu war er ordentlich erkältet. Hat immerzu geniest. Weil er eben seine Fettschicht verloren hatte, die die Pinguine schützt.

Ich hab dann erst mal das Öl von ihm entfernt. Hab das mit Spülmittel, aber auch mit ein bisschen Lösungsmittel, vorsichtig rausgewaschen. Und dabei hat er mir wirklich schlimm in die Arme gehackt. Pinguine haben eine ganz fiese Spitze vorne am Schnabel. Damit ziehen sie so richtig durch. Die sind ausgesprochen wehrhaft. Das würde man nicht denken. Ich hatte richtig ein paar Narben ne Zeit lang. Was natürlich auch eigene Doofheit war. Ich hätte mich ja besser schützen können. Aber ich war halt überfordert mit der Situation.

Deswegen hab ich den Direktor vom »Zoo am Meer« in Bremerhaven angerufen, was damals noch ein ziemlicher Aufwand war und teuer. Den kannte ich, weil ich ihm mal ne Schlange vermacht hatte, und wusste von daher, dass er sowohl Pinguine hatte als auch nach dem Ölunglück vor den Shetland-Inseln ein paar Jahre zuvor ganz viele Basstölpel aufgenommen hatte und sich von daher mit ölverschmierten Vögeln auskannte. Der konnte mir dann zum Glück ein paar Hinweise geben, was ich machen soll. Vor allem, dass ich dem Pinguin Maiskeimöl geben soll – das ist sozusagen wie Rizinusöl, also Abführmittel –, damit das Erdöl wieder rausgespült wird. Und er sagte mir auch, welches Gewicht der Pinguin haben muss, bevor ich ihn wieder aussetzen darf.

Ich bin dann, auf seinen Rat hin, zum Tierarzt in die nächstgrößere Stadt gefahren, der dem Pinguin gleich mal Vitaminspritzen verpasst hat. Und was ich da wirklich rührend fand: Der Tierarzt, der bestimmt nicht viel verdient hat, hat es abgelehnt, von mir Geld für die Behandlung zu nehmen. Er sagte, das sei ja ein Wildtier, und dafür müsse ich doch nicht bezahlen.

Und was vielleicht auch noch schön ist zu erwähnen: Unser Status im Dorf hat sich dadurch, dass wir diesen Pinguin aufgenommen haben, total geändert. Die Lateinamerikaner halten uns Europäer ja gern für egoistisch. Und nun taten wir etwas, was eindeutig *nicht* unserem eigenen Vorteil diente. Seitdem waren wir sehr viel beliebter.

Der Tierarzt hat mir dann auch noch Spritzen mitgegeben, damit ich den Pinguin spritzen kann; vorne in den Brustmuskel rein. Und schließlich hab ich von ihm noch den Trick gelernt, ein bisschen Klebeband an die Spitze vom Schnabel zu machen; damit der Pinguin den Schnabel nicht mehr aufkriegt und mich nicht hackt.

Obwohl ich sagen muss: Alexander ist schon am Tag, nachdem ich ihn aufgenommen hab, ganz zahm geworden. Er hat sofort verstanden, dass ich ihm nichts Böses will. Er hat auch gleich Futter angenommen. Aus der Hand. Der war natürlich heilfroh, dass er überhaupt was zu essen hatte. Ich hab ihm von vornherein immer einzelne Fische gegeben … Die durften nur nicht zu groß sein. Deswegen haben mich die Fischer die ganze Zeit kostenlos mit Fischen versorgt. Mit Sardinen hauptsächlich. Die hab ich in Portionen eingefroren. Und dann hat er so zwei, drei Beutel davon pro Tag gegessen. Was manchmal ein bisschen eklig war, denn wenn du Sardinen wieder auftaust, halten die nicht mehr so gut zusammen. Und der Pinguin hat, wenn er satt war, die letzte Sardine oft in den Schnabel genommen und dann den Kopf geschüttelt. Sodass ich überall Sardinenteile hatte. Ich hab monatelang nach Sardinen gerochen. Seitdem esse ich keine Sardinen mehr.

Was auch nicht schön war: Weil er nach wie vor nicht stehen, sondern nur kriechen und liegen konnte, hat er nachts in einer Fotoschale gelegen. Das reichte schon, um ihn unter Kontrolle zu haben. Ich hab die natürlich ausgepolstert, mit Papier und so.

Aber er hat sich immer wieder das Gefieder eingesaut, mit dem Öl und der Kacke, die hinten rauskam. Ich musste ihn täglich baden, um das wieder rauszukriegen. Und hinterher einpudern mit Babypuder, damit er schneller trocken wird. Und föhnen und alles.

Aber ich glaube, dass es ihn im Endeffekt auch gerettet hat, dass er nicht alleine war. Der brauchte die Nähe ganz stark. Pinguine sind ja ungeheuer soziale Tiere. Und sehr, sehr intelligent. Ich hab mehrere Vögel großgezogen; und das war mit das Intelligenteste, was ich an Vogel erlebt hab. Sobald er ein bisschen mobiler war, ist er immer auf meine Füße gekrochen und hat sich da draufgelegt, wenn ich mikroskopiert habe; und hat auch die ganze Zeit mit mir interagiert; hat sich mit mir unterhalten. Ich musste natürlich lernen, seine Laute nachzuahmen. Aber offenbar hat er meinen harten Akzent hingenommen. Er hat schon verstanden, dass ich *ihn* meine.

Und er war ungeheuer neugierig. Was ja auch ein Zeichen von Intelligenz ist. Pinguine sind sehr, sehr mutig. Bis hin zu – verrückt. Draufgänger. Absolute Draufgänger. Die nehmen das in Kauf, dass sie stürzen, dass sie purzeln … Das ist denen vollkommen egal. Alexander hat später wirklich *alles* erkundet, ist überall hochgeklettert, ist runtergefallen, hat sich irgendwie durchgearbeitet, hat ständig gesucht: Was findet er noch Interessantes? Und wenn er mich nicht mehr sehen konnte, hat er mich gerufen. Erst leise – wie alle Vögel das eigentlich machen – und dann immer lauter. Aber nicht hilflos. Eher anlehnungsbedürftig. Und wenn ich geantwortet hab, ist er schnell angelaufen gekommen.

Aber das Witzigste war ja – kannst du dir das vorstellen? – ein erkälteter Pinguin, der immer niest. Man glaubt es kaum, wie niedlich so ein kleiner Vogel im Frack ist, wenn man mit ihm interagiert; wenn er mit ausgebreiteten Armen auf einen zugelaufen kommt und dann auch noch »Tschi!« macht. »Tschi. Tschi!«

Wegen seiner Erkältung hab ich ihn den Winter über bei mir im Labor gehalten – auch nachts, weil da wenigstens ne Heizung war. Im Rest des Gebäudes gab's gar keine. Und bei uns zu Hause auch nicht. Außerdem konnte ich ihn da wirklich nicht mitnehmen. Das muss man sich *auch* klarmachen. Was die alles reinfressen, kommt ja hinten wieder raus. Und das riecht immer noch nach Fisch. Deswegen war's schon sehr lieb von unseren Hausmeistern, dass sie toleriert haben, dass ich ihn nachts im Labor lasse. – Das war allerdings ein ziemlich runtergekommener Laborraum. Und ich habe immer gründlich saubermachen müssen. Daher hab ich, als Alexander wieder bei Kräften war, auch versucht, ihn nachts auf einer Seite vom Labor einzusperren. Damit ich am nächsten Morgen nicht das ganze Labor wischen muss, sondern nur die Hälfte. Ich hab da Bretter davor gemacht und Kisten hingestellt und so weiter. Aber es wurde zunehmend schwieriger, ihn damit aufzuhalten. Der hat – mit wachsender Mobilität – immer irgendwie ein Schlupfloch gefunden und ist dann in der Station rumgelaufen. Ich hab gesagt: »Wenn der Vogel auch noch fliegen könnte, könnte ich ihn gar nicht mehr einsperren. Da hätte ich keine Chance.« Ein richtiger Ausbrecherkönig war das.

Aber dass er jetzt versucht hätte, raus und ins Meer zurückzugehen, das – eigentlich gar nicht. Als er wieder richtig stark war und laufen konnte, hab ich mit ihm täglich Spaziergänge gemacht. Draußen am Strand. Die Station war ja direkt am Strand. Ich hatt' am Anfang nur Angst vor den vielen streunenden Hunden, die's da gibt. Aber die legen sich nicht mit Pinguinen an, wie sich rausgestellt hat. Weil Pinguine *so fies* sind – die lassen die Hunde, sogar große, erst ganz nah ran und dann hacken sie ihnen in die Nase. Das haben die alle gelernt.

Aber wirklich abgehauen ist er auch hier nicht. Hätte er ja jederzeit tun können. – Wenn er zu direkt aufs Meer zugestrebt ist, hab ich ihn zurückgerufen. Das hat gereicht. Es war dann zwar schon Sommer, aber ich wollte ihn lieber noch weiter hochpäppeln, damit er noch etwas dicker wird. Denn je dicker er war, desto geringer war die Gefahr, dass er im Wasser auskühlt. – Es hat überhaupt erstaunlich lange gedauert, bis er sich vollkommen erholt hatte. Was mir noch mal die Grausamkeit von diesen Ölteppichen klargemacht hat.

Aber irgendwann war's dann endlich warm genug – und er war schon wieder so dick, dass er nicht mehr in nem geheizten Raum bleiben musste. Die Hausmeister haben mir dann hinten im Aquarienbereich ein Ställchen für ihn gebaut. Das hatte den Vorteil, dass da alles gefliest war und man das einfach mit dem Schlauch abspritzen konnte. Dann hab ich ihn eben immer *von dort* abgeholt und bin mit ihm spazieren gegangen ... Und irgendwann ist er auch mal ins Wasser. Ich dachte natürlich, er ist weg. Aber er ist wieder zurückgekommen. Das hat sich noch ein paar Mal wiederholt. Im Lauf der Zeit ist er immer länger schwimmen gegangen. Was ja genau das war, was ich wollte. Ich wollte ihn ja nicht als Haustier behalten, sondern ihm ermöglichen, dass er sich nach und nach wieder unabhängig macht.

Und eines Tages ist er halt gar nicht mehr zurückgekommen. Er hat mich allerdings noch mal besucht – ein paar Wochen später. Da stand er dann zwar nicht an der Tür und hat auf mich gewartet; aber er hat sich am Strand rumgetrieben – ist sicherlich gezielt wieder in unsere Bucht gekommen und hat gekuckt –, hat mich auch erkannt, ist auf mich zugelaufen ... Ich konnte ihn sogar anfassen, kraulen – was du mit einem fremden Pinguin lieber nicht machen solltest; aber danach ist er halt wieder los. Das ist so bei Vögeln. Das machen sie mit ihren Eltern genauso. Und ich denke auch, er ist gut klargekommen. Er war alt genug, dass er fischen konnte; jagen konnte ... Ob er jetzt Glück hatte im Leben oder gleich in den nächsten Ölfleck geraten ist oder an der nächsten Ecke ein Orca daherkam, das kann ich natürlich nicht sagen …

Aber ich hatte erst vor Kurzem – also mehr als zwanzig Jahre später – ein witziges Erlebnis vor Namibia. Da lagen wir gerade mit der »Meteor«, unserem Forschungsschiff, »auf Station«. Das bedeutet, dass man eine Koordinate im Meer hat, wo man das Schiff anhält, um Proben nehmen zu können. Da stand ich hinten am Heck und hab im Wasser ne Gruppe von Pinguinen gesehen. Und zwar auch wieder junge. Und die kamen näher ran. Dann hab ich die gerufen – und die haben geantwortet. Und waren ganz aufgeregt. Haben immer gekuckt. Weil sie überhaupt nicht damit gerechnet haben, dass von so nem Schiff ein Pinguinruf kommt. Ich hab bestimmt ne halbe Stunde dagestanden und mich mit denen unterhalten. Ich meine, die haben bestimmt gemerkt, dass da kein anderer Pinguin ruft; die fanden das nur interessant, dass ich solche Geräusche von mir gebe. Aber ich hab meine Antwort ein bisschen korrigiert – weil die natürlich auch anders klangen; hab versucht, das besser nachzumachen – und dann ging das. Aber ich hatte ja auch genügend Vorerfahrung. Schließlich hab ich fast ein halbes Jahr mit einem Pinguin zusammengelebt, tagsüber.

Das Rabenmädchen

Erzählt von Martina Schiestl, Innsbruck

Ich hab meine Masterarbeit in Biologie gemacht. Danach hat mir Thomas Bugnyar von der Uni Wien einen Job als Trainerin an der neuen Forschungsstation am Haidlhof angeboten. Dort hatten wir eine Handaufzucht von Krähen und von Raben. Unser Team war dafür verantwortlich, die Vögel aufzuziehen und – damit sie keine Angst haben vorm Menschen – zu prägen; in erster Linie dadurch, dass sie viel mit uns zusammen waren, dass wir gewissermaßen ihre Eltern waren, die einfach die ganze Zeit alles mit ihnen gemeinsam gemacht und sie auch auf die Experimente vorbereitet haben.

Die Schwierigkeit dabei ist, dass Corviden – also Rabenvögel – neophob sind. Das heißt, sie haben Angst vor neuen Dingen – oder sind sich zumindest unsicher, wie sie darauf zugehen sollen. Wenn ich einen Raben mit einem neuen Gegenstand in der Voliere konfrontiere, reagiert er zuerst negativ darauf; weil er das nicht kennt und weil er das nicht mag. Und für unsere Arbeit mit den Vögeln war's halt sehr wichtig, dass sie möglichst wenig Neophobie zeigen gegenüber allem. Gegenüber der Voliere; bestimmten Menschentypen gegenüber: Männer, Frauen, Kurzhaar, Langhaar, kein Bart, Bart, Brille, keine Brille, Kapuze auf, Kapuze nicht auf, Handschuhe an, Handschuhe nicht an … Und nachdem die Vögel auf dem Haidlhof in sozialen Gruppen leben können, war es für uns auch wichtig, ihnen von Anfang an zu zeigen, dass sie für die individuelle Arbeit kurz aus der Gruppe herausgenommen werden können, ohne dass das für sie Stress bedeutet.

Und das ist halt eine unglaublich intensive Erfahrung, wenn man sechzehn, achtzehn Stunden am Tag mit den Vögeln verbringt; weil man sie am Anfang ja mit der Hand füttern muss. Das geht von sechs in der Früh bis elf, zwölf Uhr nachts. Dann schläft man ein bissel. Meistens neben dem Nest. Und am nächsten Tag in der Früh geht's wieder weiter mitm Füttern. Und mit allen anderen Dingen.

Aber dadurch baut sich halt eine Beziehung auf. Man sitzt manchmal da – ich denke jetzt vor allem an Situationen, in denen die Vögel schon größer sind –, hat sie gerade gefüttert; und dann wird der Vogel müde und legt seinen Kopf über deinen Arm drüber und schläft. Da geht einem einfach das Herz auf; weil das ja auch von Vertrauen zeugt.

Und dann kommt eben die Zeit, wo sie anfangen zu fliegen. Wo sie zuerst ausm Nest raushüpfen und aufm Boden rumlaufen; und einem hinterherlaufen, weil sie immer die Nähe suchen; entweder die Nähe untereinander oder die Nähe zum Menschen. Und schließlich die nächste Phase: dass sie plötzlich aufm Ast oben sitzen – drei, vier Meter von mir entfernt – und sich wundern, dass sie auf einmal so hoch hinaufkönnen. Das heißt natürlich auch: Zu dem Zeitpunkt sollte ich schon eine gute Beziehung mit ihnen haben; weil, wenn ein Vogel merkt, dass er fliegen kann, kann er sich oben aufn Ast setzen und einfach dort bleiben. Aber wenn ich eine Vertrauensbeziehung mit ihm hab, dann kommt er herunter, weil er gern in meiner Nähe ist. Oder – zweite Möglichkeit – ich hab ihm gewisse Dinge antrainiert, wie zum Beispiel, dass ich auf meinen Arm tippe – und wenn er das Zeichen sieht, kommt er herunter. Und wenn er herunterkommt, kriegt er von mir eine

Belohnung. Was natürlich alles auch wieder Vertrauenssache ist. Erst als solche Dinge funktioniert haben, war für uns klar, dass das Ganze in die richtige Richtung läuft. Dass es – auch wenn wir die Vögel in der Voliere drin haben und nicht nur in dem Abteil mit den Nestern – kein Problem ist für uns, sie jederzeit wieder zu uns herunterzurufen, wenn wir mit ihnen arbeiten wollen.

Aber generell: Alles, was wir mit den Vögeln trainiert haben, ist über positive Bestärkung passiert. Das ist einfach die neue Art, wie man mit Tieren arbeitet; indem ich den Vogel bestärke, wenn er was richtig gemacht hat im Verhalten mir gegenüber. Und das ist schon fast das ganze Geheimnis. Man muss den Tieren nicht das Futter vorenthalten, um sie dazu zu bringen, mit einem zu arbeiten. Denn ihre Motivation, bei den Experimenten mitzumachen, hat vielfach ganz andere Ursachen. Dass sie nämlich *interessiert* sind. Dass sie ihr Gehirn verwenden müssen, um gewisse Aufgaben zu lösen. Und dass sie auch daran interessiert sind, mit uns *gemeinsam* was zu erarbeiten – und deshalb auch gern mit uns mitkommen, wenn wir sie rufen, um ihnen neue Sachen zu zeigen.

Und wenn du so mit Tieren arbeitest, schälen sich natürlich schnell Individuen heraus. Einer von den Raben, die Joey – das war ein Mädchen, ein Rabenmädchen –, wurde zum Beispiel ursprünglich von einer Frau irgendwo in Österreich handaufgezogen. Ich kenne die Frau nicht. Ich weiß nur, dass ihr Joey nach einem Jahr zu viel wurde. Einjährige Raben können, wenn sie handaufgezogen sind und keine anderen Raben um sich herum haben, teilweise sehr frech werden; weshalb Thomas gefragt wurde, ob er nicht diesen Raben aufnehmen möchte.

Und somit ist Joey zu uns aufn Haidlhof übersiedelt. Nun war die Situation natürlich so: Die erste Bezugsperson in ihrem Leben war eine Frau. Von dieser Frau wurde sie verlassen. Und deshalb hat sie nun alle Frauen *gehasst*. Und zwar wirklich so, dass sie einen attackiert hat. Wenn ich an der Voliere vorbeigegangen bin, ist sie ins Gitter geflogen und hat sich dagegengeschmissen und aufgeplustert – einfach eine unglaubliche Aggression gezeigt gegenüber Frauen. Bei Männern war sie zuckersüß. Die haben reingehen und mit ihr spielen können, sie aufn Arm nehmen können – alles! Mit Frauen ist das nicht gegangen.

Das war also der erste Rabe, mit dem ich intensiv gearbeitet habe. Und ich hab mir halt dann zum Ziel gesetzt, dass Joey mir irgendwann aus der Hand frisst. Weil, ich wollte ihr Stresslevel reduzieren. Ich wollte ihr zeigen, dass sie nicht jedes Mal, wenn eine Frau in der Nähe ist, aggressiv und gestresst reagieren muss.

Der erste Schritt dabei war, dass ich an der Voliere vorbeigegangen bin und ihr währenddessen Futter zugeworfen habe. Der nächste war, dass ich angefangen habe, zu ihr reinzugehen. Das ist oft für eine Minute gut gegangen, aber dann ist sie meistens schon auf mich zugekommen und hat angefangen, mich zu attackieren. Also bin ich wieder raus und sie hat sich wieder beruhigt. Dann bin ich wieder rein, hab ihr wieder Futter gegeben. Das hab ich einen guten Monat lang so gemacht. Bis ich gemerkt hab, dass ihre Attacken weniger werden. Und immer, wenn sie sich beruhigt hat, hab ich ihr Futter gegeben, um sie dafür zu belohnen, dass sie ruhiges Verhalten gezeigt hat.

Nach gut anderthalb Monaten war's so weit, dass ich reingehen und mich auf den Boden setzen konnte – und sie zu mir herkam, vor mir stand und einfach nur mit irgendwas herumgespielt hat. Dann hat sie ein Stückl Futter gekriegt, ist wieder ein bissel auf Abstand gegangen, wieder näher gekommen ... Nach zwei Monaten hat sie sich das erste Mal auf meinen Arm gesetzt. Und ab da war es möglich für mich, mit ihr zusammenzuarbeiten und ganz unkompliziert die verschiedensten Kognitionsexperimente zu machen.

Ein Jahr später ist sie dann in eine größere Gruppe von Raben integriert worden. Auch das hat sie Schritt für Schritt kennenlernen müssen. Zum Beispiel hat sie leider immer Probleme gehabt in der Gruppe; weil sie einfach nicht gut kommunizieren konnte. Weil sie in ihrem ersten Lebensjahr keinen anderen Raben um sich herum gehabt hat, hat sie ja nicht gelernt, wie Raben kommunizieren.

Aber das war eben das Schöne an dieser engen Beziehung mit ihr, dass ich mit ihr auf dem Arm in die Voliere gehen konnte und sie bei mir gesessen ist, während ich die anderen gefüttert hab, und dadurch immer mehr gemerkt hat, dass sie bei mir in Sicherheit ist. Oft ist sie dann mit den anderen los, hat irgendwas gefressen; und wenn's wieder ein soziales Problem gegeben hat, ist sie zu mir hergekommen und hat sich zum Beispiel auf meinen Fuß gesetzt. So haben wir sie langsam integrieren können. Und das war einfach toll – zu sehen, dass das lange Zeit sehr gut ging.

Dann war aber einmal folgende Situation: Es gab da eine bestimmte Gruppe von sechs oder sieben Raben. Und in dieser Gruppe gab es ein Männchen, an dem Joey plötzlich Interesse gezeigt hat. Und das Männchen hat Interesse an ihr gezeigt. Es gab allerdings noch ein weiteres Weibchen in der Gruppe, das sehr eng mit dem Männchen war. Und alle anderen Vögel waren Geschwister von diesem Weibchen. Ich weiß nicht, ob Joey durch ihre generelle leichte Fehlkommunikation das Ganze vielleicht etwas ungeschickt angegangen ist; ich hab so was jedenfalls noch nie bei Raben erlebt. Aber als sie dem Männchen einmal zu nahe gekommen ist und angefangen hat, mit ihm anzubandeln, sind die anderen gekommen und haben angefangen, sie zu verprügeln. Gott sei Dank hat eine Kollegin von mir mitbekommen, was passiert. Sonst hätten sie sie vermutlich getötet.

Die Kollegin ist dann rein, hat die anderen Raben, die alle auf

Joey drauf waren, verscheucht und mich angerufen. Und dann haben wir sie genommen und sind mit ihr zum Tierarzt gefahren. Das war alles sehr traumatisch. Für Mensch und Tier. Weil, so was sieht man auch nicht jeden Tag, dass eine Gruppe von Raben, die man ja gut kennt, plötzlich so gezielt negativ auf einen anderen Raben reagiert. Wir dachten schon, wir müssen Joey einschläfern lassen. Aber dann haben wir mit unserer Tierärztin gemeinsam gesagt: »Nein, die Joey wird nicht eingeschläfert. Das schaffen wir!«

Daraufhin hat sie für zwei Monate bei mir daheim in meiner Wohnung gewohnt, weil sie einmal die Woche am Arm operiert werden musste und immer wieder zum Tierarzt musste. Und ich habe ihr jeden Tag den Verband wechseln und ein Antibiotikum geben müssen. Aber wir haben sie durchgebracht und sie hat sich erholt. Allerdings mussten wir sie – als sie wieder aufm Haidlhof war – zuerst alleine halten; weil sie depressiv war; weil sie das derart schockiert hatte, dass sie von anderen Raben attackiert worden war. Physisch war sie wieder okay. Aber mental war sie, von meinem Gefühl her, ein Vogel, der ein Trauma zu verarbeiten hatte. Es hat dann einen guten Monat gedauert, bis sie wieder gern hergekommen und heruntergekommen ist und wieder angefangen hat, sich normal zu verhalten.

Aber letztlich ist durch diese Dinge natürlich noch viel mehr Nähe zwischen uns entstanden und ich konnte ganz viele Sachen mit ihr machen. Einmal wollte ein amerikanischer Fotograf für ein großes Naturmagazin ein professionelles Foto von einem unserer Vögel machen. Da ging's um eine Geschichte über intelligente Vögel. Davor hatte er schon alle möglichen anderen intelligenten Vögel – wie Kakadus oder Keas – fotografiert, brauchte aber jetzt noch einen Corviden. Einen Raben oder eine Krähe.

Das Spezielle war nur, dass er dieses Foto unbedingt vor einem schwarzen Hintergrund machen wollte – einem großen schwarzen Tuch. Und ich hab ihm gleich gesagt: Wenn er das machen will, mit dem schwarzen Tuch, habe ich maximal einen Vogel, der davor sitzenbleiben wird. Und das wird Joey sein. Denn alles, was schwarz ist, ist für Raben und Krähen ganz schrecklich. Ein weißes Tuch wäre wahrscheinlich auch nicht einfach gewesen – aber ein schwarzes: Nein! Es ist groß, es ist neu, es ist dunkel, es ist – eine Katastrophe!

So kam's dann auch. Wir haben diesen schwarzen Hintergrund aufgehängt – und in dem Moment sind zehn von den elf Raben, die in der Voliere gelebt haben, raus und sind für drei Tage nicht mehr in dieses Abteil der Voliere reingegangen. Außer Joey. Leider hat sich der Fotograf auch hinterher nicht so verhalten, wie ich's ihm gesagt habe, dass er sich verhalten *soll*, damit Joey sich beruhigt und das macht, was er möchte. Er hat ihr dann immer wieder zugerufen: »Yeah! Come on! Birdie! Do this!« Und: »Do that!« – wie bei einem Model –, hat aber gar nicht verstanden, dass sie das nicht mag. Irgendwann hab ich gesagt, er soll einfach ruhig sein und mich reden lassen, wenn was ist. Und er soll mir sagen, was er möchte. Aber da hat er nicht das Gefühl dafür gehabt.

Und deswegen hat er nicht *einen* Tag gebraucht, so wie geplant, sondern hat nach drei Tagen immer noch in der Voliere gesessen. Drei Tage lang Warten und Hin und Her. Am dritten Tag sind wir mittags zum Essen gegangen und er hat gesagt, er weiß nicht, er weiß nicht – was kann er tun? Da habe ich gesagt, das Letzte, was mir einfällt, ist: Er soll Joey ein Schnitzel kaufen mit Pommes. Und er soll ihr das Ganze mitbringen und sie damit bestechen. Das hat er gemacht; hat im Restaurant ein Schnitzel mit Pommes zum Mitnehmen bestellt ... und damit sind wir in die Voliere und haben ihr das gezeigt. Und damit hat er sie endlich gekriegt und endlich ein gutes Foto schießen können. Dann war natürlich alles gut. Joey ist dagesessen mit ihrem Riesenschnitzel und – happy!

Na ja, und heute ist sie ein brütender Vogel. In der Voliere. Hat einen Partner gefunden, der auch eher einen schwierigen Auftakt gehabt hat. Die zwei ziehen jedes Jahr Jungtiere groß und haben sogar gelernt, besser zu kommunizieren und sich auch mit anderen zu verständigen – selbst wenn sie nie so hundertprozentig integriert sein werden wie unsere Gruppenvögel, die von jung an Kontakt zu Raben gehabt haben; aber sie haben beide lange in einer Gruppe von Raben gelebt, und auch zwischen Joey und mir hat sich die Beziehung über die Jahre gehalten. Ich freu mich jedes Mal wieder, wenn ich sie besuchen kann; wenn ich sehe, wie sie sich entwickelt hat. Sie sitzt dann meistens bei mir am Schoß, lässt den Kopf hängen, bietet mir also quasi an, sie zu kraulen – und das ist einfach immer wieder ein faszinierendes Erlebnis: zu sehen, dass ein früher hochaggressiver Vogel durch positive Arbeit derart ausgeglichen geworden ist.

Das blinde Leitpferd

Erzählt von Sabine Bruns, Fehrenbruch / Niedersachsen

Ich hab Sam bekommen, da war er drei Jahre alt. Zu der Zeit – das war vor fast dreißig Jahren – war ich einfach eine junge Frau, die gerne geritten ist und sich gefreut hat, wenn sie mal Pferde zum Einreiten bekommen hat. Es gab da bei uns einen Händler, der wusste, dass ich das ganz ordentlich mache, und der hat mir öfter mal ein junges Pferd für vier Wochen gebracht.

Und eines Tages war das eben Sam. Das ist von der Rasse her wahrscheinlich ein Knabstrupper-Mischling. Der ist weiß mit kleinen hellbraunen Punkten überall. Pippi-Langstrumpf-Pferd sagten die Kinder später immer. Er stellte sich aber gleich als extrem mürrisch heraus und unwillig; bis hin zu gefährlich. Er wollte beißen und schlagen. Und das kannte ich überhaupt nicht. Weil, wenn man freundlich zu einem Pferd ist, ist das Pferd eigentlich auch freundlich zu einem selber. Ich dachte schon: »Der hat vielleicht nen Gehirntumor«, weil er sich für meine Begriffe unlogisch verhielt.

Bis dahin wussten wir aber auch noch nichts von seiner Vergangenheit. Wir gingen davon aus, dass Sam den Menschen noch gar nicht kennt; aber dann haben wir ein bisschen nachgeforscht und haben festgestellt, dass er ihn sehr wohl kannte; aber eben von seiner schlechten Seite. Offenbar hatten schon mehrere Leute versucht, ihn auszubilden, und keiner hat's geschafft. Es waren offenbar einige schlimme Sachen passiert.

Daraufhin hab ich ihn gekauft. Einfach weil – weiß ich auch nicht; ich hab gar nicht richtig drüber nachgedacht. Irgendwie hat's mich gereizt. Vielleicht war's auch Mitleid. Jedenfalls hab ich mir dann viel Zeit gelassen mit ihm und hatte überhaupt keine Probleme mehr. Sam wurde ein ganz tolles Pferd. Er war all die Jahre über nie wieder bösartig, sondern sogar ausgesprochen nett und freundlich. Gerade mit Kindern oder ängstlichen Menschen geht er sehr vorsichtig um. Das ist so sein Grundcharakter.

Dann war's bei ihm aber so, dass er schon in jungen Jahren – er war vielleicht fünf oder sechs – ne schwere Augenentzündung hatte. Und der damalige Tierarzt hat das falsch behandelt. Zwei, drei Jahre später war Sam auf einem Auge blind. Ich hab noch Spezialisten aufgesucht und bin in Tierkliniken gefahren; nur war der Prozess – da ging's um eine Netzhautablösung – nicht mehr aufzuhalten.

Die nächsten gut fünfzehn Jahre über war Sam also praktisch einäugig, wurde aber trotzdem der Boss in der Herde. Einfach weil er derjenige war, der am längsten da war. Der Älteste. Der Erfahrenste. Aber auch, weil er immer die Ruhe selbst war und von daher so ne Herde auch leiten konnte. Sonst hätten ihn die anderen in dieser Position gar nicht akzeptiert. Die Menschen denken ja meist, dass solche Dinge durch Rangordnungskämpfe entschieden werden. Und wer sich da durchsetzt, wird der Anführer. Aber das ist Quatsch. Ein Pferd wird nicht deshalb Anführer, weil es das selber will, sondern weil die anderen es dazu machen. Weil sie sich bei ihm sicher fühlen. Nicht, weil sie von ihm unterdrückt werden.

Und dann kam es, dass er – als er ungefähr fünfundzwanzig war, also wirklich schon in einem stolzen Alter für ein Pferd – von einem Tag zum anderen *ganz* blind wurde. Wie das passierte, weiß keiner. Es muss ein Unfall gewesen sein. Nachts auf der Weide. Ich merkte am nächsten Morgen nur, dass er völlig orientierungslos war. Und sein Auge sah auch gar nicht mehr aus wie ein Auge. Das war alles nach innen gefallen.

Im ersten Moment hab ich gedacht: »Ich muss ihn einschläfern lassen.« Einfach, weil ich der Meinung war: Ein Pferd, das sein Leben lang Weide und Gruppenleben kannte, nun auf einmal einzusperren und nur noch zu kontrollieren, das ist ja Tierquälerei. Dann hat aber der Tierarzt zu mir gesagt: »Du, ich kenn mehrere blinde Pferde. Gib dem mal ein paar Wochen Zeit. Kucken wir mal, ob er das lernt.«

Und das haben wir dann gemacht. Ich hab ihn auch gar nicht groß kontrolliert, sondern hab ihm gesagt: »Du musst alleine klarkommen.« Und das ist er auch. Er hat sich nicht in die Ecke gestellt und gewartet, dass ich ihm dort was zu fressen gebe, sondern hat einfach versucht weiterzumachen. Und das mit so einer Selbstverständlichkeit – als wenn er sagen würde: »Okay, da ist jetzt das Licht ausgeknipst; muss ich halt im Dunklen klarkommen.«

Das fand ich auch deswegen faszinierend zu beobachten, weil wir Menschen in der Regel ja ganz anders sind. Wir würden als Erstes mal fragen: »Warum ich?« Und leiden. »Ich kann das nicht! Oh Gott, ist das alles schrecklich!« Und so hat sich Sam eben nie verhalten. Er hat immer geübt und sein Umfeld erforscht. Am Anfang hatte er hin und wieder mal eine kleine Schramme. Und die anderen Pferde haben natürlich erst mal gar nicht richtig kapiert, was mit ihrem Boss los ist; aber da er nun mal der Boss war, haben sie auch nicht angefangen, ihn zu ärgern oder zu reizen, so wie das vielleicht gegenüber niedrigrangigeren Pferden der Fall gewesen wäre, sondern haben vermutlich gedacht: »Na ja, der Boss ist irgendwie komisch, aber er ist halt der Boss.« Und deswegen konnte er sich auf der Weide auch unheimlich an den anderen orientieren. Wenn die da zum Beispiel galoppierten, galoppierte er in der Gruppe mit – und zwar immer in direktem Körperkontakt zu einem der anderen Pferde! Und wenn er mal in ne andere Richtung lief, ist ein Pferd mitausgeschert und hat ihn wieder zurück in die Gruppe bugsiert.

Die anderen profitieren aber auch von *ihm*. Sein Geruchs- und auch sein Gehörsinn haben sich extrem weiterentwickelt. Wenn da manchmal alle zusammen auf der Weide stehen, hebt er zum Beispiel den Kopf und horcht. Und alle hören auf zu fressen, kucken, was los ist, kucken sich um, warten ebenfalls, so ungefähr: »Na, gibt er jetzt das Kommando zur Flucht?« Und erst wenn er wieder weiterfrisst: »Ah, alles klar, wir können weiterfressen.«

Sie profitieren aber auch deshalb von ihm, weil er weniger ängstlich ist als sie. Einmal stand hier direkt an der Weide auf dem Nachbarfeld so ein Riesenmonsterding – was die alle noch nie gesehen hatten. Ich weiß gar nicht mehr, was das war. Eine Baumfällmaschine oder irgendwas in der Art. Keines der Pferde traute sich hin. Und der Sam, der hat das ja nicht gesehen. Der ist dann einfach hingegangen. Da haben die anderen natürlich gekuckt: »Boh, ist der mutig!« Durch solche Dinge hat er seine Führungsposition noch mal ausgebaut.

Andersrum war's wieder so – und das ist *bis heute* so –, wenn er sich beim Grasen dem Elektrozaun nähert und nicht merkt, dass er kurz davor ist, da reinzutreten, schert eines von den anderen Pferden aus, trabt kurz mal hin zu ihm, drängelt ihn kurz mal weg und frisst dann ganz normal weiter. – Ich hab das jetzt so oft gesehen, dass ich sicher bin, dass die inzwischen alle wissen: »Der kann nicht kucken, und ab und zu braucht er eben mal nen Schubs in die richtige Richtung.« Die sind da auch nicht übertrieben fürsorglich, sondern eher so: »Mein Gott, jetzt mach doch mal!« Und das sind nicht nur ein oder zwei Pferde, die das ab und zu als ihre Aufgabe ansehen, sondern alle. Ich hab jetzt einen, der ist seit eineinhalb Jahren bei mir. Ein ganz junges Pferd. Yari. Der hat das von den anderen ganz schnell abgekuckt, dass man sich um Sam immer wieder mal kümmern muss.

Inzwischen ist Sam ungefähr dreißig. Manchmal, wenn ich ihn im Blick behalten kann, lasse ich ihn immer noch auf die Weide. Aber er hat innerhalb der großen Koppel auch eine eigene Koppel für sich. Und seit letztem Winter, seit er nicht mehr so viel frisst und überhaupt schwächer wird, hat er seinen eigenen Stall. Er ist da aber nie eingesperrt. Er kann rein und raus, wie er will. Und dann sind für den alten Sam alle Tore offen und er kann bei mir in den Garten spazieren und da ein bisschen fressen und rumlaufen. Mit den Hühnern ist er gut Freund und mit den Katzen ist er gut Freund und er kommt auch schon mal zu mir ans Fenster. Der lebt so ganz zufrieden mit sich und der Welt sein Leben; findet das, glaube ich, auch ganz gut, dass er jetzt nicht mehr ständig mit der Gruppe zusammen ist, sondern nen Sonderstatus hat, auf den die anderen auch mal neidisch sind.

Das mit der Orientierung hat er inzwischen derart raus, dass manche Leute nen ganzen Tag hier bei den Pferden verbringen und nicht merken, dass er blind ist. Wobei sich der Geruchssinn bei ihm wahrscheinlich am allermeisten weiterentwickelt hat. Ich glaube, er weiß genau, wo welche Pflanzen bei uns wachsen und wie die riechen. Und daran kann er erkennen, ob er auf dem Weg in den Garten ist oder in den Stall. Manchmal steht er auch da, hat den Kopf oben und wartet, bis an der Straße ein Auto vorbeifährt. Dann setzt er sich in Bewegung, weil er wieder weiß: »Ach, in dieser Richtung ist die Straße; also muss ich jetzt da und da hin.« Er weiß auch, wo beim Nachbarn der Hund wohnt, und wenn der ein Geräusch macht, ist ihm klar, dass in dieser Richtung der Nachbar ist.

Schrammen hatte er bestimmt schon seit zwei Jahren nicht

mehr. Letztens musste ich mal mein Auto auf der Weide parken. Mitten drauf. Da hab ich gar nicht drüber nachgedacht, dass das ja *seine* Weide ist und er nicht wissen kann, dass das Auto da steht. Am nächsten Morgen fiel mir ein: »Oh, scheiße, hoffentlich hat das Auto keine Beule.« Aber in keinster Weise. Er muss gerochen haben, dass da was ist. Und wenn er was riecht, tastet er mit der Nase vor und dann passiert auch nix. Ich kann hier sogar die Zäune verändern oder hin und wieder mal aus Versehen einen Eimer stehenlassen. Wenn irgendwo Ecken sind, wo's gefährlich werden könnte, mach ich ein bisschen Flatterband davor, damit er merkt: »Oh, hier sollte ich mal nicht weitergehen.« Sobald etwas komisch ist, bewegt er sich halt langsamer, schnuppert länger, wartet auch schon mal ab; aber nie, dass man das Gefühl hat: Er hat Angst davor. Sondern immer überlegend. Souverän. Er geht souverän mit seiner Behinderung um. Er weiß, was er kann, und er weiß, was er nicht kann. Und macht das Beste draus.

Das finde ich vielleicht sogar das Faszinierendste an ihm. Diese Gutmütigkeit. Er nimmt einfach alles hin. Aber nicht auf eine resignierende Art, sondern unheimlich freundlich und positiv. Wie er zum Beispiel auch mit kleinen Kindern umgeht oder mit anderen Tieren. Da hat man überhaupt nicht das Gefühl, dass er sich benachteiligt fühlt oder verbittert ist. Und das war die ganze Zeit so. Da hab ich auch selber viel gelernt.

Der gnadenlose Räuber überlegt sich's anders

Erzählt von Manfred Weindl, Salzweg bei Passau

Einmal haben Mädels von dem Stall, in dem mein Pferd damals eingestellt war, auf der Straße einen jungen Vogel gefunden. Und weil sie gewusst haben, dass ich mit Tieren umgehen kann und mir da auch nix zu viel ist, haben s' den Vogel zu mir gebracht.

Und ich hab dann schon gesehen: Das ist ein Greifvogel; hab aber erst mal keine Ahnung gehabt, was für einer. Wegen der geringen Größe und weil er einen sogenannten Falkenzahn gehabt hat – das ist eine besondere Kerbe am Schnabel, die, wie der Name schon sagt, nur der Falke besitzt –, war mir aber bald klar, dass es ein Turmfalke sein musste.

Diesen Turmfalken hab ich aufgezogen und dann ausgewildert – weil, einen Turmfalken darf man gar nicht halten. Aber mein Interesse an Greifvögeln war geweckt. Also hab ich mir einen Sakerfalken gekauft und später dann einen Uhu. Der war offenbar illegal aufgezogen worden, hatte die Natur nie kennengelernt und war behördlich sichergestellt worden; und weil man mich beim Landratsamt kannte – ich hab ja immer wieder Tiere gehabt, die dort meldepflichtig waren –, ist er letztendlich bei mir gelandet.

Dieser Uhu – ich hab ihn Archimedes getauft – war zu der Zeit schon ausgewachsen. Wie alt er war – so was lässt sich immer schwer sagen. Ein Greifvogel hat nach acht Wochen seine endgültige Größe erreicht. Auf alle Fälle war er ein Terzel. So nennt man bei Greifvögeln das Männchen, weil es eine Terz, also ein Drittel, kleiner ist als das Weibchen. Er hatte aber immer noch eins siebzig Spannweite, war also wirklich ein total beeindruckendes Tier.

In der Natur wird der Uhu ja allgemein von allen anderen Tieren gehasst und gefürchtet, weil er ein unglaublicher Räuber ist. Er ist stark, er ist gnadenlos und vor allem: Er ist lautlos, weil er außen eine besondere Zahnung an den Federn hat. Und wenn der Uhu mal was gepackt hat, dann ist Schluss. Dann ist's vorbei. Er hat eine irrsinnige Kraft und scheut auch vor nichts zurück. Nicht einmal vor Tieren in Fuchsgröße oder vor anderen Greifvögeln. Der Uhu frisst zum Beispiel in der Natur auch große Mäusebussarde. Denn wenn die in der Nacht schlafen, können sie nicht abhauen.

Deswegen, wenn irgendwelche anderen Tiere einen Eulenvogel sehen, hauptsächlich einen Uhu, drehen die vollkommen am Rad. Die machen ein Geschrei, ein Getue …! Früher haben die Jäger das ausgenutzt, indem sie den Uhu für die sogenannte Hüttenjagd hergenommen haben. Da ist der Uhu auf einen Pflock gebunden worden und dann sind die Krähen gekommen. Die fliegen dann Scheinangriffe und versuchen dabei, im wahrsten Sinne des Wortes auf ihn zu scheißen. Und dadurch haben die Jäger ganz bequem Krähen schießen können.

Wegen dieser Angewohnheit anderer Tiere, Lärm zu machen, sobald ein Uhu in der Nähe ist, habe ich, wenn Archimedes mir mal ausgekommen war, eigentlich immer sagen können, wo er gerade ist. Einmal war er schon zwei Wochen weg. Aber ich hab immer gewusst: Der ist unten im Wald. Denn da haben die Krähen abends eine echte Gaudi gemacht! Richtig schlimm. Aber weil mir klar war: »Ich find ihn sowieso nicht«, hab ich gewartet. Und gewartet … Nach zweieinhalb Wochen sagt meine Frau in der Früh um sechs: »Du, ich hör da draußen irgendwas. Ich glaub, ich hab den Uhu gehört.« Da ist er beim Nachbarn im Baum gesessen. Den ganzen Tag lang. Hab ich mir gedacht: »Ja, gut, wart ich halt weiter.« Und wie ich am Abend schauen will, wo er ist, seh ich ihn nicht mehr. Denk ich mir: »Na super, jetzt ist er weg!« Im nächsten Moment hör ich: »U-hu!« Sitzt er fünf Meter von mir entfernt am Zaun. Ich hab den Arm ausgestreckt – und er fliegt mir direkt auf die Faust. Dann war er wieder da.

Aber Archimedes war überhaupt ein ganz besonderer Vogel. Wenn du ihn auf dem Falknerhandschuh – »auf der Faust«, wie man sagt – sitzen hattest, hat er seinen Flügel um dich rumgelegt! Als ob er dich umarmen täte! Und hat dann immer so an meinem Hals rumgetan und dazu »Uhu-hu, uhu-hu« gemacht. Ganz verrückt. Ein Adler oder ein Habicht – die schreien ja fürchterlich. Das hältst du nicht aus. Da steinigen dich die Nachbarn. Aber der Uhu – so richtig warm und tief: »Uh-hu!« Wirklich angenehm!

Ich hätt' ihn natürlich auch gern ausgewildert. Nur war er vom Vorbesitzer offenbar »auf die Faust« abgerichtet. Und da verlieren die Vögel einfach ihre angeborene Scheu vorm Menschen – was für ein Wildtier ja absolut ungünstig ist. Deswegen hat er bei mir im Garten an einer sogenannten Flugdrahtanlage gesessen. Das ist ein Haus, an einer Seite offen, am Boden ein Pflock und in einiger Entfernung im Garten wieder ein Pflock. Zwischen diesen Pflöcken ist ein Draht gespannt und an diesem Draht entlang läuft ein Metallring, an den der Uhu mit einem Strick gebunden ist, sodass er hin- und herfliegen kann. Bei mir waren das fünfzehn Meter. – Und wenn du ihm dabei zugeschaut hast: Der hat fliegen können, dass der Ring nicht einmal geklingelt hat! So perfekt hat der die Höhe einschätzen können. Nur leider hat er nachts jeden

Igel gefangen, der da vorbeigekommen ist. Der Igel gehört in der Natur zur Hauptbeute des Uhus. Archimedes hat das also nie gelernt. Aber er hat gewusst, wie's geht. Das hatte er einfach genetisch drauf. Wobei ich mich eigentlich darüber geärgert hab. Ich hab ihn ja eh gut gefüttert. Hätt' er die Igel gar nicht fressen müssen.

Und, na ja, eines Tages krieg ich wieder einen Turmfalken. Den hab ich zunächst in eine ausrangierte Papageienvoliere in einem anderen Bereich im Garten gesperrt; weil, wenn die klein sind, können sie ja nicht fliegen; da muss ich sie schützen. Turmfalke und Uhu kannten sich also vom Sehen. Wenn auch nur aus größerer Entfernung. Und wie dann der Turmfalke alt genug war, hab ich ihn freigelassen. Mittlerweile habe ich auch bei den Turmfalken gewusst: Sogar wenn sie von Hand aufgezogen werden, kann man sie auswildern. Sie kommen draußen zurecht, sie können sich ernähren. Trotzdem ist dieser Turmfalke jeden Abend um Punkt siebzehn Uhr, wenn's Futter gegeben hat, beim Nachbarn am Hausdach gesessen. Und hat gewartet, bis es bei mir herüben losgeht.

Und da ist folgende Geschichte passiert: Ich bin gerade nach draußen gegangen; hab aber noch nicht gefüttert gehabt, weil die Greifvögel nur einmal am Tag gefüttert werden. Aber dann haben die natürlich wirklich Hunger! Wenn ich in den Garten gekommen bin: Der Falke ist meistens da oben gesessen, die Flügel schon startbereit.

Jetzt hatte ich aber in der Mitte von dieser Drahtanlage für den Uhu eine Wasserschüssel aufgestellt und noch mal einen Pflock angebracht, damit er sich zwischendurch hinsetzen kann. Und in diesem Moment – ich komm gerade in den Garten – kommt der Falke angeflogen und setzt sich auf den Pflock vom Uhu; der kleine Wahnsinnige! – Ich seh gerade noch, wie der Uhu schaut;

wirklich *ganz* große Augen kriegt. Der Uhu hat ja eh schon Riesenaugen. Und die sind *noch* größer geworden. Ich hab direkt gemerkt, wie er – »hmpf!« – den weißen Kehlfleck rausplustert; so wie er das macht bei Aufregung. Und im nächsten Moment – blamm! – schießt er aus seinem Haus raus, stürzt sich auf den Falken, drückt ihn runter auf den Boden, mit den Krallen … Ich hab die Hände vor den Mund geschlagen. Ich hab nicht mal mehr was sagen können. Ich hab nur gedacht: »Jetzt bringt er mir den Falken um! Das gibt's nicht!« Denn wenn der Uhu einmal zudrückt … Der hat eine Druckkraft von fast hundert Kilo. Und Krallen hat der, die sind *so* lang!

Aber auf einmal seh ich, wie's ihn reißt. Er schaut mich an und ich hab das Gefühl, er denkt sich: »Ooooooh! Ich glaub, ich mach gerade einen Scheiß!« Und im nächsten Moment macht er die Krallen auf, lässt den Falken los und fliegt wieder ins Haus.

Zu dem Zeitpunkt war ich mir sicher, dass der Falke nicht überlebt hat. Weil ich gedacht hab, der Uhu hat gleich richtig zugedrückt. Hat er aber offenbar nicht. Der Falke springt auf; schaut; fliegt die paar Meter dahin, wo der Uhu sitzt; setzt sich ungefähr dreißig Zentimeter entfernt von ihm hin und schaut ihn an. Und der Uhu schaut *ihn* an … Und von da ab ist nie mehr was passiert. Der Falke hat sich jeden Tag, sobald er gekommen ist, neben den Uhu gesetzt – und hat mit ihm auf die Fütterung gewartet.

Das ging noch ein paar Monate so. Aber dann ist er nur noch jeden dritten Tag gekommen, dann einmal die Woche und irgendwann gar nicht mehr. – Gut, jetzt könnte man sagen: »Klar! Ein handaufgezogener Falke – ist halt doch nicht durchgekommen.« Aber ein Jahr später komme ich nachmittags in den Garten: sitzt am Hausdach gegenüber wieder ein Turmfalke. Ich kann natürlich nicht sagen: »Es war derselbe.« Er hat nix drangehabt, woran ich ihn hätt' erkennen können. Aber ich bin mir ganz sicher, dass er's war. Weil, ich wohne jetzt seit vierzig Jahren in unserer Siedlung. Und in diesen vierzig Jahren ist auf keinem Dach um uns rum jemals ein Turmfalke gesessen. Da *gibt's* keine Turmfalken. Deshalb denk ich – das klingt jetzt blöd –, aber ich hab das Gefühl gehabt, dass er mir sagen möchte: »Schau, ich hab's überlebt. Und mir geht's gut. Danke.«

Der Forschergeist der Delfine

Erzählt von Roland Gockel, Berlin

Anfang der Neunzigerjahre sollte ich in Irland meinen ersten Delfin filmen. Freunde, die damals in dem Fischerörtchen Dingle lebten, nahmen mich in ihrem Holzboot mit, weil es dort in der Bucht einen Solitärdelfin gab. Solitärdelfine, das sind meist Große Tümmler, die sich, ohne dass es dafür eine richtige Erklärung gibt, aus ihren Verbänden gelöst haben und manchmal ihr ganzes restliches Leben, manchmal auch nur Monate oder Jahre, als Einzelgänger verbringen – und ein überdurchschnittliches Interesse an anderen Arten haben.

Fungie, wie die örtlichen Fischer ihn nannten, lebte damals seit etwa zehn Jahren in dieser Bucht – ein ausgesprochen großer und kräftiger Tümmler von knapp vier Metern Länge. Ich saß in dem Boot und hatte plötzlich Schiss. Was der für ein Tempo hatte, als er das Boot begleitete! Und was der für Sprünge machte! Ich bin dann von meinen Freunden mehr oder weniger – wie ein Fallschirmspringerneuling am Rand des offenen Flugzeugs – ins Wasser komplimentiert worden.

Dann war der aber ganz achtsam und vorsichtig. Es war überhaupt keine Aggression spürbar. Und gleich der zweite Eindruck: Das Tier hat Humor. Er machte sich nen Spaß draus, sich immer in meinem Rücken zu halten; sich also im gleichen Tempo, in dem ich mich drehte und wendete, mitzudrehen. Vom Boot aus sah das so aus, dass ich ihn suche, das Wasser vor mir abscanne und er eigentlich die ganze Zeit direkt hinter mir ist. Irgendwann kam er dann mal so ganz generös rum.

Ein ähnliches Verhalten filmte ich Jahre später – auch wiederum in Irland –, als wir einen Film speziell über Solitärdelfine machten; und zwar bei einem Großen Tümmler namens Duggie, der an der Nordküste eine besondere Freundschaft mit einem Labrador geschlossen hatte. Manchen Biologen ist das Phänomen Solitärdelfin ja ein bisschen suspekt. Vor allem, weil es in Sachen biologischer Effizienz keinen rechten Sinn ergibt. Es dient weder der Fortpflanzung noch der Weiterentwicklung der Art. Für diese Biologen sind Solitärdelfine gestörte, traumatisierte Tiere. Wogegen ich, nach inzwischen sehr, sehr vielen Begegnungen mit Solitärdelfinen, denke, dass das zwar hin und wieder der Fall sein kann – aber die Regel ist es nicht. Mein Eindruck ist eher: Es sind Tiere mit einem außergewöhnlichen Kommunikationsinteresse, die ihre Artgenossen auch gar nicht ablehnen, sondern einfach weit über den Schnitt ihrer eigenen Art neugierig sind; die sich also auch durch eine außergewöhnliche Intelligenz auszeichnen.

Mit diesem Hund war's nun so, dass er immer begeistert ins Wasser sprang und dem Delfin hinterherschwamm, sobald er ihn nur sah. Ohne, dass er natürlich den Kopf unter Wasser stecken konnte. Das heißt, er konnte den Delfin nur sehen, wenn der sich zeigte. Oder wenn Duggie, auf dem Rücken liegend, damit er nach oben kucken konnte, Luftblasen hochblubbern ließ. Und manchmal tauchte er dann halt auf und hob den Kopf extra hoch aus dem Wasser. Ich hatte das Gefühl, dieser Hund tat ihm fast leid. Es rührte ihn, mit welcher Hingabe dieses Wesen einer anderen Art versuchte, ihm zu folgen. Das war sehr süß.

Eine solche Beobachterposition nahm auch noch ein dritter Delfin gerne ein. Und zwar Mara, ein Weibchen, das wir bei Galway an der Westküste filmten. Vor allem aber schleppte sie gern Sachen an, um zu kucken, was man damit macht. Sachen, von denen sie wusste: die haben mit Menschen zu tun. Nen Flipflop; ne verlorengegangene Schwimmflosse … Sie fand es hochinteressant, wenn man das an- oder auszog. Einmal brachte sie mir ein normales Algenknäuel. Dachte ich: »Jetzt bringt sie mir ein Algenknäuel. Was soll ich denn *damit?*« Dann war aber in diesem Knäuel ein abgerissener Angelhaken drin – noch mit einem Rest Schnur. Oder einmal kam sie und trug quasi ne Baseballmütze. Wohl, weil sie das bei Leuten über Wasser gesehen hatte. Die saß dann halt so ein bisschen schief auf ihrem Kopf. Eine knallrote Ferrari-Baseballmütze. Nichts Geringeres.

Sie suchte aber genauso die Gesellschaft von Seerobben, die da unterwegs waren. Und wohl auch – das habe ich allerdings selber nicht erlebt – die einer bestimmten Haiart, eines *Basking Sharks*, also eines Riesenhais, mit dem sie dann rumschwamm. Sie schaute sich die Tier- und Menschenwelt genau an. Wenn man mit ihr unterwegs war, fragte man sich: »Wer ist hier eigentlich der Forscher? Wer kuckt hier eigentlich, wer worauf und wie reagiert?« Das hat mich sehr berührt – auf einmal selber zum Forschungsobjekt eines Tieres zu werden.

Alle drei Delfine wussten auch sehr genau, was eine Schiffsschraube ist und welche Funktion sie hat. Einmal habe ich unter Wasser gefilmt, wie Duggie beim Fährschiff im Hafen die Schraube untersucht, die sich im Leerlauf dreht. Er lässt – genau wie bei dem Labrador – Blasen hochsteigen, kuckt sich an, wie die Schraube wegen des verringerten Wasserwiderstands kurz aufdreht und wieder langsamer wird, schickt noch mal Blasen drunter, kuckt sich das wieder an, kuckt sich an, wie das Ruder geht …

Die drei interessierten sich auch für die Fangmethoden, mit denen die Leute dort was einfingen und ausm Wasser rausholten.

Und sie begleiteten auch gern die Fischer. Das Weibchen – Mara – untersuchte oft die Hummerreusen: wie sie am Seil absinken, wie die Klappe funktioniert, was drin ist, wie das Ganze wieder eingeholt wird …

Bei alldem hatte ich den Eindruck: Es geht ihnen gar nicht darum, dass bei den Kontakten was für sie abfällt. Fungie zum Beispiel sollte mal für eine Szene im Kinderprogramm gefüttert werden. Man probierte alles Mögliche aus, bis er irgendwann einen Kalmar nahm. Also dachte man: »Prima, so drehen wir's am nächsten Tag.« Dann brachte er aber am nächsten Tag einen Kalmar *zurück!* So nach dem Motto: »Heute geht die Runde auf mich.« Was man also Tieren oft unterstellt – dass sie einen nur attraktiv finden, weil man als Futterquelle dient –, das ist in dem Konzept dieser Delfine gar nicht drin.

Ich hatte jetzt noch mal mit dem Weibchen einen Dreh. Mit Mara. Und mit einer Frau, die so oft wie möglich mit ihr schwimmt und sie auch bestens kennt, denn drei Viertel des Jahres ist sie in Irland – während mein letzter Aufenthalt dort mittlerweile vier Jahre zurücklag. Ich geh also ins Wasser rein. Der Delfin ist schon da und zieht seine Zirkel. Die Frau ist da. Ich positioniere mich mit Druckluftflasche am Grund und sehe, dass der Delfin im Schlafmodus ist. Das heißt, er schwimmt sehr gleichmäßig – in einer schönen, großen Achterschlaufe – immer wieder dieselbe Strecke ab. Auf einmal stoppt er, macht die Augen auf, kuckt mich an – und ist völlig begeistert; kommt ganz nah ran, die Frau interessiert ihn überhaupt nicht mehr, er drückt sich an mich, begleitet mich, untersucht alles, was ich dabeihabe, weicht mir nicht mehr von der Seite …

Da ich die Frau länger kenne, war das zum Glück okay für sie. Sie hatte ihren Spaß daran mitzukriegen, wie dieser Delfin mich wiedererkannte. Aber als Kameramann war mir die Situation unangenehm. Ich kann da nicht drehen, wenn der sich auf einmal nur noch für mich interessiert! Und gleichzeitig war ich natürlich gerührt. Ich hatte einen anderen Taucheranzug an als das letzte Mal, hatte wahrscheinlich auch andere Flossen, die Taucherbrille auf, war also gut getarnt, sollte man denken. Der Delfin erkannte mich trotzdem – und zeigte halt diese totale Wiedersehensfreude. Hinterher waren auch noch zwei andere Leute im Wasser; das hat ihn alles nicht interessiert.

So eine Begegnung macht natürlich was mit mir. Und sie macht auch was mit den Tieren. Wir hatten eine ähnliche Situation mit dem Labrador, der immer mit Duggie geschwommen war. Duggie war inzwischen verschwunden. Möglicherweise war er einer jener Solitärdelfine, die ihr Einzelgängertum irgendwann auch wieder aufgeben. Das gibt's ja öfter.

Nun hatten wir das Ganze ja gefilmt. Hatten aber in der Zwischenzeit festgestellt, dass wir noch Bilder brauchten – die wir nachstellen mussten. Kamen nun also mit derselben Frau, die wir damals mit Mara gefilmt hatten und die uns auch zu Duggie begleitet hatte, dort an, drehten und gingen ins Wasser. Der Labrador war immer noch da. Auch er hatte den Delfin zwei Jahre lang nicht gesehen. Hatte aber immer wieder am Hafen Ausschau nach ihm gehalten. Er war der Hund des Fährmanns, der in einiger Entfernung auf einem Hügel wohnte. Und nun sieht er, wie wir da unten ins Wasser gehen – sieht die Frau, sieht mich mit der Kamera, ein Schalter legt sich um, er gibt Vollgas, rennt den Hügel runter, rennt den Kai entlang, springt ins Wasser und fängt an, nach dem Delfin zu suchen. Weil er offenbar unsere Anwesenheit sofort gleichgesetzt hatte mit: »... dann ist der Delfin auch wieder da!« War er natürlich nicht. Aber wer weiß, vielleicht kommt ja eines Tages, so wie wir, auch der Delfin wieder vorbei.

Was soll ich denn mit einem Huhn?

Erzählt von Karin Hediger, Riehen, Schweiz

Das REHAB Basel ist eine neurologische Rehaklinik. Das heißt: Die Patienten hatten alle entweder eine Hirnblutung, einen Hirntumor oder einen Verkehrsunfall mit Hirnverletzung. Also wirklich schwere Schicksale. Schwere Funktionsverluste. Und weil es schon lange der Traum des vorhergehenden Chefarztes war, eine sogenannte tiergestützte Therapie einzuführen, hat man das 2013 getan – und in diesem Zuge ganz unterschiedliche Tiere angeschafft. Unter anderem Hühner.

Nun weiß natürlich jeder, was ein Huhn ist. Jeder hat schon mal eins gesehen. Und trotzdem hat man eigentlich keine Ahnung von ihnen. Von ihrem Verhalten. Wie sie »funktionieren«. Mir ging's da nicht anders: Für mich waren's Tiere, die ich kannte und doch nicht kannte. Aber je mehr ich über sie lernte, desto mehr war ich von ihnen fasziniert. Vor allem, weil schnell deutlich wurde, dass jedes Huhn einen anderen Charakter hat; dass man mithilfe gewisser Individuen schnell in Kontakt mit Patienten kommt, mit anderen langsam.

Ich erinnere mich an eine Patientin, die einen Unfall gehabt hatte – ich bin nicht mehr ganz sicher, ob es ein Autounfall war. Zuvor war sie eine sehr selbstständige Frau gewesen, die den Haushalt geschmissen und sich um alles gekümmert hat – und dann, von einem Moment auf den anderen, konnte sie nicht mehr gehen, saß im Rollstuhl und hatte auch Mühe, die richtigen Worte zu finden und sich zu artikulieren. Dafür hat sie sich sehr geschämt. Außerdem hat sie depressive Symptome gezeigt und starke Ängste entwickelt: Wie geht's weiter mit meinem Leben? Was soll aus mir werden? Bin ich noch ein wertvolles Mitglied der Gesellschaft? Und natürlich war sie auf einmal diesem ganzen Klinikalltag unterworfen, in dem alles unheimlich durchgetaktet ist. Nur, ihre Wünsche nach »einfach tun, worauf ich jetzt gerade Lust habe«, die waren ja immer noch stark vorhanden. Weshalb die Ärzte schließlich fanden, es wäre doch gut, wenn sie mal mit einer Psychologin über alles sprechen würde.

Daraufhin wurde sie bei mir angemeldet. Ich ging bei ihr vorbei. Aber sie meinte gleich, nein, nein, Psychotherapie will sie *überhaupt* nicht. So was braucht sie jetzt nicht auch noch!

Dann sind wir aber beim zweiten Termin rausgegangen und haben uns den Therapie-Tiergarten angeschaut. Und ich hab sie gefragt, ob sie die Hühner füttern möchte. Es gibt da ein Huhn – Blacky –, das ist sozusagen unser Star. Sie ist immer diejenige, die am allermeisten in der Therapie mitarbeitet, die immer als Erste herkommt, den Leuten oft auch gleich auf den Schoß springt, weshalb wir ihr am Anfang fast so ein bisschen Impulskontrolle beibringen mussten, indem wir ihr zeigten: »Nicht immer gleich so anfliegen, die Leute!«

Aber die Blacky ist natürlich trotzdem sofort zu ihr auf den Schoß gesprungen. Und das war so spannend – weil die Patientin dann ganz spontan gesagt hat: »Die ist wie ich. Die lässt sich nichts vorschreiben.« Und ab diesem Moment hat sie sich verbunden gefühlt. Zuerst mit Blacky und irgendwann auch mit mir.

Nun ist Blacky aber nicht einfach nur ein besonders forsches

Huhn, das bei allen Patienten gleich reagiert. Es ist sogar so: Je mehr ich sie in Beziehung zu den verschiedenen Leuten erlebe, desto mehr fallen mir die Differenzierungen auf, die sie macht. Sie reagiert unheimlich individuell und passend auf Patienten. Bei manchen ist sie forsch und aktiv. Bei anderen ist sie viel zurückhaltender. Ich habe oft den Eindruck, dass sie auf kleinste Stimmungen reagiert.

Wobei sich natürlich die Frage stellt, wie diese unterschiedlichen Verhaltensweisen zustande kommen. Und die Antwort kann für meine Begriffe nur sehr vielfältig sein. Zum Beispiel kann man Hühnern – Hühnern allgemein – unglaublich viel beibringen. Bei Blacky ist es so: Sie kann rund von quadratisch unterscheiden. Sie kann Farben unterscheiden. Das heißt etwa: Wenn man ihr unterschiedliche Farben hinlegt, dann weiß sie, dass sie immer aufs Rote picken soll. Oder dass sie immer aufs Dreieck picken soll.

Und das ist auch etwas, was sie genießt – wenn sie gefördert wird. Wir hatten vor ein paar Monaten eine Tagung mit sehr vielen Leuten hier am REHAB, wo in einem relativ engen Raum diese ganzen Unterscheidungsspiele aufgebaut waren. Und dann wurde Blacky mit dazugeholt. Wobei wir die Vorstellung hatten, dass immer ein paar Leute zuschauen, wieder gehen und dann die nächsten kommen. Aber wir wurden total überrannt! Am Schluss sind fünfzig Leute dicht gedrängt um einen Tisch herumgestanden, auf dem die Blacky draufsaß … Und sie hat sich halt überhaupt nicht aus der Ruhe bringen lassen, sondern hat da brilliert und vorgeführt, was sie kann. Ich hatte die ganze Zeit das Gefühl, sie weiß genau: All diese Leute schauen jetzt zu, was sie hier macht. Sie hat gewissermaßen die Kontrolle über die Situation. Und jetzt genießt sie mal so richtig ihren Auftritt.

In Fachkreisen gibt es ja immer noch große Diskussionen darüber, ob Tiere solche komplexen Gefühle wie Stolz überhaupt empfinden können. Noch dazu Hühner. Aber ich bin überzeugt davon. Speziell Blacky *liebt* es, positives Feedback zu bekommen – dass ich toll finde, was sie tut. Sie *liebt* es, in Interaktion zu gehen. Wenn die Tierpfleger Tiertraining machen und mit einer neuen Aufgabe ankommen: Da ist sie immer voll mit dabei und versucht herauszufinden: »Was soll ich tun? Was soll ich tun?« Da sieht man wirklich: Sie möchte dazulernen. Das zeigen Hühner sehr deutlich. Wenn die nämlich keine Lust haben, gehen sie einfach weg.

Deshalb bin ich der Ansicht, dass wir Tieren allgemein die Freude an Wachstum und Gefördertwerden viel zu sehr absprechen. Wir denken ja meist, nur wir Menschen hätten eine intrinsische Motivation zu lernen. Aber Tiere haben das genauso. Und sie haben auch diesen Wunsch, sich ihren Talenten entsprechend einzubringen. Wir haben zum Beispiel ein anderes Huhn, das ist immer ein bisschen langsam und bekommt nicht immer ganz mit, um was es geht. Aber auch dieses Huhn hat Talente. Nämlich vor allem das Talent, trotzdem Teil der Gruppe zu sein; trotzdem über Strategien zu verfügen, wie man mitmachen kann; auch wenn man vielleicht wieder mal diejenige ist, die's nicht so schnell erkennt, was jetzt eigentlich zu tun ist. Und mit so etwas können sich natürlich gerade bei uns am REHAB viele Leute identifizieren.

Jetzt könnten wir zweifellos auch den scheuen Hühnern antrainieren, dass sie was Bestimmtes tun. Aber das wollen wir gar nicht. Wir wollen nicht, dass sie's machen, weil sie dafür Futter kriegen. Und ich glaube, das merken die Patienten: dass es nicht darum geht, dass das Huhn mitmacht, weil es das muss, sondern weil es sich dafür *entscheidet*. Weil es sich für den Patienten interessiert. Weil es gerne was mit Menschen zu tun hat.

Das spricht natürlich alles für eine ziemlich komplexe Persönlichkeit. Und ich glaube auch, dass ein Tier, das ein solches Sozialverhalten zeigt, gar kein einfaches Wesen sein *kann*. Und umgekehrt: Als komplexes Wesen kann man ja auch nur in einer komplexen sozialen Ordnung leben. Einerseits können Hühner untereinander sehr brutal sein. Sie können so richtig mobben. Wenn sie ein Huhn nicht mögen, muss man es aus der Gruppe herausnehmen. Weil, sonst können sie's wirklich zu Tode hacken.

Andererseits – wir haben seit letztem Jahr auch einen Hof, in Riehen, auf der anderen Rheinseite, wo wir ebenfalls tiergestützte Psychotherapie anbieten: Da gibt es einen Hahn, der ein ganz spezielles Herdenbeschützungsverhalten hat. Der Hahn im REHAB beschützt seine Hühner auch, aber der auf dem Hof umsorgt sie wirklich ständig. Er lenkt sie, in welche Richtung sie gehen sollen … Und was mich besonders beeindruckt hat, als ich's zum ersten Mal gesehen hab: Als wir gerade die Hühner gefüttert haben, hat auf einmal der Hahn einen Mehlwurm genommen und ihn einem Huhn direkt vor die Füße gelegt. Das fand ich dermaßen eindrücklich! Weil man ja sonst bei Tieren nicht oft die Gelegenheit hat, dieses prosoziale Verhalten in Bezug auf Futter zu beobachten; außer bei Eltern und ihren Jungtieren. Aber nicht bei adulten Tieren. Wir wissen zwar aus der Forschung, dass es das gibt. Nur beobachten wir Tiere in der Regel nicht lange genug, um es überhaupt mitzukriegen. Dieses: sich kümmern um andere.

Und deswegen – wenn ich die Patienten abhole, sagen sie meistens nicht: »Ach, schön, dass *Sie* wieder da sind«, sondern: »Ah, gehen wir wieder zu den Tieren! Gehen wir wieder zur Blacky!« Ich könnte da als Therapeutin fast schon eifersüchtig sein und sagen: »Was kann die Blacky besser als ich?« Noch dazu gibt es ja tatsächlich etwas, was sie besser kann. Nämlich vor allem: Sie bewertet nicht. Ihr ist es egal, ob jemand gerade nicht gut sprechen kann. Oder nicht gehen kann. Ob das Gesicht derart gelähmt ist, dass Speichel runterläuft. Das sind diese ganzen Konventionen, die uns Menschen wichtig sind. Die Tiere haben das nicht. Blacky findet's einfach schön, wenn jemand da ist, der's gut mit ihr meint. Es kommt ihr nicht darauf an, ob dieser Mensch in der Leistungsgesellschaft eine wichtige Aufgabe erfüllt. Und das ist ja gerade etwas – wenn man in Therapie geht, weiß man: »Irgendwas ist nicht gut; es sollte besser sein. Das Gegenüber will was von mir. Ich sollte mich ändern.« Und dem Huhn ist es egal, ob man sich ändert oder nicht. Weil Hühner – wie überhaupt Tiere – auf der Beziehungsebene funktionieren. Sie sind nonverbal. Und wir sind so unglaublich verbal. Wir wollen immer alles benennen. Auch wenn's oft eigentlich um was ganz anderes geht. Um etwas, was wir auf einer anderen Ebene *spüren* müssen. Was wir gar nicht so klar in Worte fassen können.

Und in einer solchen Situation finden sich viele unserer Patienten ja auch ganz plötzlich wieder. Sie können etwas nicht so klar in Worte fassen. Sie haben die Worte vielleicht sogar verloren. Aber mit den Tieren können sie kommunizieren. Weil es über den *nonverbalen* Dialog geht. Es geht über den *emotionalen* Dialog. Und man versteht sich dennoch.

Wir haben auch Patienten, die schreien. Manchmal wegen muskulärer Zuckungen. Oder dass sie versuchen, sich zu äußern, und dann kommt was ganz Seltsames raus. Aber gerade an so einem Punkt sehe ich vom Tier oft eine Reaktion, die ich überhaupt nicht erwartet hätte. Dass es nämlich trotzdem dableibt. Bei Wutgeschrei würden Tiere ja meist weggehen aus der Situation. Aber gerade bei Hühnern – ich glaube wirklich, dass sie das einordnen können. Dass sie spüren: Das ist nicht Wut. Ich glaube, dass sie merken, dass die Leute hier anders funktionieren als andere. Und ich bin absolut überzeugt davon, dass sie Stimmungen wahrnehmen. Wir haben ja sehr viele Menschen, die sehr traurig sind. Oder Menschen mit Depressionen. Und das spüren die Hühner; während rein physische, äußerliche Einschränkungen für sie nicht von Bedeutung sind. Sie freuen sich, wie gesagt, wenn man da ist. Nur ist diese Freude halt anders ausgedrückt. Körpersprachlich. Hühner sind für viele Leute ein bisschen schwer zu lesen. Aber wenn man sie besser kennt, sieht man ihnen sehr gut an, wenn sie was im Schilde führen. Die haben manchmal echte innere Konflikte. Wo ihre antagonistischen Anteile so richtig zu Tage treten. Zum Beispiel, wenn sie jetzt gerne da rübergehen würden. Gerade Blacky. Und dann: »Oh, ach nein, ich sollte ja nicht ...«

Und deswegen sind die Hühner – überhaupt die Tiere – auch in der Erinnerung der Patienten an die Therapie unheimlich zentral. Bei den Hühnern ist das vielleicht noch ein bisschen eindrücklicher, weil viele ja im Vorhinein sagen: »Äh, ja aber, was soll ich denn mit einem Huhn?« Aber wenn sie zurückkommen – auch noch nach mehreren Jahren – ist das meist das Erste, was sie erwähnen: wie sehr der Umgang mit den Hühnern sie geprägt hat.

Das sind jetzt zwar alles total unwissenschaftliche Aussagen, aber ich finde, es sind Beispiele, die zeigen, wie stark das Herz der Patienten an ihnen hängt. Und wie tief das geht. Und dass man das auch nicht einfach so messen kann. Sondern es geht um Episoden – manchmal ganz kurze –, wo Patienten erzählen: »In dem Moment, wo's mir psychisch am Allerschlechtesten ging, konnte ich nur noch raus zur Blacky.« Häufig sagen sie ja gerade in solchen dunklen Phasen alle Therapietermine ab. Und der Therapie-Tiergarten ist dann der einzige Ort, wo sie trotzdem noch hingehen wollen und sich aufgehoben fühlen. Was dann genau die Momente sind, die überdauern. Wo sie sagen: »Da war das Tier für mich da.« Oder: »... hat mich gehalten.« Oder: »... hat mir Kraft gegeben zurückzukommen.«

Die neunzehn Hunde meines Lebens

Erzählt von Ingrid Walser, München-Daglfing

Der Freund von meiner Mama – ich bin ja Kriegerwaise – war Sanitäter. Einmal war er am Land und hat dort einen Kranken versorgt. Und da gab's einen Bauern, der gerade kleine Hunde umbringen wollte. Hat der Bekannte gesagt: »Was machst'n mit dene Hund'?« – »Ja mei, die derschlag ich. Kann ich ja net brauchen, so viele Hund'.« Da war man nicht zimperlich in der Zeit. Das war kurz nach dem Krieg. Und dann hat der Bekannte einen davon mitgenommen. Am Mittag, wie ich von der Schule heimgekommen bin – ich war damals in der zweiten Klasse –, war der Hund in der Wohnung gesessen und hat mich angebellt. Ein kleiner hellbrauner Pinscher war das; mit ein paar Wochen. Ich war ganz erschrocken. Aber Angst hab ich keine gehabt. Ich hab noch nie Angst gehabt vor Tieren.

Jedenfalls war das dann mein Lumpi. Der war ab dem Moment mein Spielgefährte. Was natürlich auch mit Pflichten verbunden war. Meine Mama hat arbeiten müssen, und da hat's vor der Schule immer geheißen: »Gehst mitm Lumpi runter«; vom fünften Stock in der Frauenstraße. Da war ich dann öfter zu spät im Unterricht.

Aber ansonsten war's eigentlich nicht anstrengend mit ihm. Er

»Nicht so hübsch wie von manchen Leuten der Pudel«, aber eine Persönlichkeit: Wolfshund Luxi mit Ingrid Walsers Sohn Stefan

war ein lieber und lustiger Hund. Und auch dankbar. Bloß, wenn wir nicht da waren, hat er viel gebellt, sodass sich die Hausbewohner schon beschwert haben. Einmal haben wir ihn deswegen sogar hergegeben. Unter Tränen! Mitm Körberl und mitm Spielzeug und mitm Fressen haben wir ihn in die Ickstattstraße gebracht. Da hatten Leute gesagt, ja, sie freuen sich, sie nehmen ihn gern. Aber dann haben wir auf dem Heimweg *so* geweint, dass wir wieder zurückgegangen sind und gesagt haben: »Wir brauchen unsern Hund wieder.« Und dann sind wir mit ihm wieder heimgegangen und haben ihn noch lange Jahre gehabt. Wie ich meinen Mann kennengelernt hab und nach Daglfing gezogen bin, ins Haus meiner Schwiegereltern, da war er noch mit dabei.

Mein Mann hatte auch einen Hund. Das war der Luxi. Das war ein dunkler Wolfsmischling vom Tierheim. Ein sehr verständiges und sehr anhängliches Tier, aber vielleicht nicht so hübsch wie von manchen Leuten der Pudel. Da hat's manchmal geheißen: »Mei, ist der Hund greislich!« Zu einer hab ich mal gesagt: »Haben Sie sich schon mal im Spiegel angeschaut?« Wie mir das eingefallen ist, weiß ich gar nimmer. Aber ich war so wütend! Luxi hatt' halt ein ganz schwarzes Gesicht. Aber keiner von meinen Hunden war greislich. Jeder war eine Persönlichkeit.

Der Luxi war zum Beispiel sehr aufmerksam. Wenn mein Mann Pflanzen eingesetzt hat, draußen im Garten, bevor er in die Arbeit gegangen ist, hat Luxi das gleich gespannt. Und wenn mein Mann wiedergekommen ist, waren die Pflanzen alle wieder schön ausgegraben vor der Haustür gelegen. Das war dann die Arbeit vom Luxi.

Aber irgendwann ist er gestorben und wir haben uns von einem Schrottplatz einen Schäfermischling geholt. Mit sechs Wochen. Das war dann unsere Susi. Eine ganz Schüchterne. Dazu hatt' ich damals auch schon ein paar zugelaufene Katzen, und alle haben sich vertragen. Und wie die Susi nach langen Jahren gestorben war, kam die Flora, ein schwarzer Labrador-Mischling – und ein besonders lustiger, verspielter Hund. Ein Labrador ist ja eigentlich ein Traumhund. Bei allem: Wedel-wedel-wedel! Gehen wir fort: Wedel! Gibt's was zu essen: Wedel! Kommt wer: Wedel-wedel-wedel! Ist immer gut drauf.

Die Flora war aber dann schon nimmer allein, sondern es haben sich schön langsam andere Hunde dazugesellt, weil ich inzwischen im Tierheim gearbeitet hab. Und da hat's manchmal geheißen: »Mei, jetzt haben wir wieder so einen alten. Den nimmt wieder keiner.« Oder: »Dem ist das Frauli gestorben …« So einer war zum Beispiel der Maik von Tannenbichl. *Von!* Weil er reinrassig war. Aber für uns war's einfach unser Maiki. Das war ein dunkler Rauhaardackel, alt und krank und sehr verwöhnt vom verstorbenen

Frauli. Trotzdem hatten wir ihn noch über ein Jahr – und sehr viel Freude an ihm.

Dann kam die Sandra. Das war auch wieder eine schwarze Labrador-Mischung – und genauso lustig wie die Flora. Aber die hat mich Nerven gekostet! Die wollt immer Balli spielen. Immer Balli. Die ist nie fortgegangen ohne Balli. Immer hat's mitmüssen, das Balli. Einmal haben wir einen Ausflug gemacht nach Ismaning. Hab ich gesagt: »Nein, du kriegst kein Balli, wir müssen mit der S-Bahn fahren. Balli bleibt daheim.« Na ja, ist sie halt mitgetrottet. Und dann sind wir da durch den Wald gegangen – und sie findet tatsächlich einen Ball! Bringt ihn her, freut sich, sagt quasi: »Schau her, jetzt hab ich *doch* einen Ball.« Dann haben wir das Balli halt doch wieder geschmissen. Was bleibt'n anderes übrig?

Als Nächstes kam die Lili, der Yorkshireterrier von einer Prostituierten. Die haben sechs oder sieben Jahre miteinander verbracht, aber es hat halt einfach nicht gepasst. Der Hund hat bei der Nacht geschlafen und die junge Frau hat gearbeitet. Und am Tag hat die junge Frau geschlafen. Also hat sie sich schweren Herzens von ihrer Lili trennen müssen. Ich hab sie dann noch drei Jahre gehabt. Und Yorkies sind ja Kämpfer. Einmal hat sie gegen einen größeren Rüden gekämpft, der sie ganz schön verletzt hat. Nach vierzehn Tagen war alles verheilt. Dann hat sie den Rüden wiedergesehen – ich hab sie gerade noch am Schwanz erwischt, sonst hätt' sie sich wieder ins Getümmel gestürzt. Leider ist sie bloß zehn geworden. Die hatt' bei der jungen Frau fast nur Trockenfutter gekriegt. Und so ein Trockenfutter ist zwar schön sauber, aber nicht gerade das Gesündeste.

Dann haben Leute in Schwabing gesagt, sie wandern aus nach Holland und haben einen alten Yorkshireterrier; den können's da nicht mitnehmen und der schläft eh nur noch. Sheriff. Der war am

Anfang richtig bissig. Den durfte man nicht anlangen. Der hatt' bisher auch nur Trockenfutter gekriegt. Das hat er in den Mund genommen, den Kopf nach hinten geworfen und runtergeschluckt. Hab ich mir gedacht: »Nein, also, das ist ja eine komische Fresserei. Da stimmt was nicht.« Bin ich mit ihm zur Tierärztin. Hat sie gesagt: »Den müssen wir in Narkose legen.« Hat ihm dreiundzwanzig Zähne gezogen. Fast alle. Weil die alle faulig waren. Aber danach war der plötzlich lustig! Wie er die Zähn nimmer gehabt hat und das Fressen gepasst hat: Der hat fast nimmer geschlafen, war total anhänglich und freundlich und hat auch das Spazierengehen und alles plötzlich mögen.

Danach kam meine Fofinha. Die war wieder eine Pinscher-Mischung wie mein allererster Hund, Lumpi. Fofinha war aus einem Tierheim in Portugal und hatte Kugeln im Bauch, weil da jemand reingeschossen hat ins Gehege. Zu ihr kam ich, weil ich Leute kannte, die in Portugal gearbeitet und gesagt haben, der Hund müsst' dringend raus aus dem Heim, weil der sich in dem großen Gehege gar nicht zum Fressen gehen traut, wenn die anderen auch fressen. Sag ich: »Ja, gut.« Aber die haben zwei Tage gebraucht, bis sie's gefangt haben. So scheu war die! Ist ihnen immer wieder davongelaufen und ausgekommen, meine Fofinha – das heißt Schätzchen, glaub ich. Aber das war dann einfach unser Finnerl. Anfangs hat sie wochenlang nur im Stehen geschlafen, vor Angst; damit sie notfalls gleich wieder davonlaufen kann.

Und einmal ist sie wirklich davongelaufen. Da war das Gartentürl auf und sie ist rausgerannt. Dann hab ich zur Sandra – das war die schwarze Labrador-Mischung, die immer Balli spielen wollt' – gesagt: »Schnell, Sandra, wir müssen hinterher!« Da war die Finha schon über d' Straß' gerannt zum Eingang von der Trabrennbahn. Und dort haben wir sie erwischt. Vielmehr, *die Sandra* hat sie erwischt – und hat sie dermaßen zusammengeschimpft: »Wau-wau-

wau!« So quasi: »Was rennst' denn weg? Was haben wir denn für einen Ärger mit dir?« Da hat die Finha ihre Ohren gesenkt und ist mit heimgetrottet – wie wenn ich sie geschlagen hätte. Aber ich hab gar nichts sagen müssen. Das hat alles der Hund gemacht. Die Sandra.

Als Nächstes hatte ich die Luna und die Susi. Noch mal eine Susi also. Die Susi war ein Schnauzermischling, die Luna ein Dackelmischling, braun mit Locken. Die sind kurz nacheinander von Mallorca zu uns gekommen. Die Luna war dort vom Tierheim, und die Susi – da gibt's einen amerikanischen Sänger, Tony Carey, der hat damals auf Mallorca gelebt und auch immer Tiere gerettet. Hunde, Katzen … Mit seiner Frau. Und die Frau kannt' ich. Die Sylvia. – Dann waren's einmal im Gebirge, und da ist ihnen die Susi übern Weg gelaufen. Ganz allein. Hat die Sylvia gesagt: »Ja, komm rein.« Ins Auto. Dann ist der Hund reingesprungen; und am Abend hat sie mich angerufen: »Mei, du wolltest doch schon lange wieder einen Hund. Magst' *den* haben?«

Das war dann unsere »Sekretärin«. Der gescheiteste Hund, den wir jemals hatten. Die Susi. »Sekretärin« haben wir sie genannt, weil sie an allem so interessiert war. Ich hatt' ja immer schon ein Herz für *alle* Tiere. Das war bekannt. Und wenn dann die Polizei oder die Feuerwehr mit einem Entenküken oder einem Vogerl gekommen ist, hab ich gesagt: »Susi, schau mal, so ein kleines Vogerl wieder« oder »ein kleines Anterl«, und dann: wedel-wedel-wedel! Sag ich: »So, das gehört jetzt zur Familie.« Die Sekretärin hat's begutachtet und akzeptiert – und drauf aufgepasst.

Oder wenn ein Tier verschwunden war – zum Beispiel wenn eine Schildkröte ausm Gehege raus- und fortgegangen ist; wenn's einfach nimmer da war –, hab ich gesagt: »Susi, da müssen wir suchen.« Dann sind wir zwei gegangen – und haben immer alle gefunden. Ob's jetzt der Pflegehund war, der aus Versehen in einer

Holzhütte eingesperrt war, oder das Igerl, das im Gartenzaun eingezwickt war …

Und so ging das weiter. Irgendwann hat wieder die Sylvia angerufen: »Du, ich bin gerade im Tierheim. Da sitzt ein Hund und der weint so viel. Das ist aber eine belgische Jagdhündin. Meinst', ich kann sie dir mitschicken und du kannst sie weitervermitteln?« Dann hab ich den Hund weinen gehört. Mir sind gleich selber Tränen runtergelaufen. Hab ich gesagt: »Ja, schick ihn mit.«

Dann bin ich bei uns ins Tierheim, hab gefragt, ob sie ihn nehmen täten. Haben's gesagt: »Wir haben noch drei zu vermitteln. Die gehen in München gar nicht.« Weil, wer kann in München einen Jagdhund gebrauchen? Und so ist sie mir halt geblieben. Das war unsere Nis. Ein Traumhund. So was von folgsam und lieb …

Dann hatt' ich aber trotzdem Angst um meine Enten. Ich hab ja viele Wildentenküken aufgezogen. Die sind, bis sie freigelassen werden, in einem extra Entengehege. Alle anderen Tiere konnte ich da reinlassen. Aber bei der Nis hab ich mich zuerst nicht getraut. Ein paarmal hab ich sie an der Leine mitgenommen. Da war sie ganz brav. Also hab ich mir gedacht: »Das geht jetzt ohne Leine«; lass sie von der Leine – dann hat sie anscheinend sofort gemeint, sie muss da so eine Ente fangen. Hat sie gepackt, hingesetzt, mit dem einen Pfoterl festgehalten, mit dem anderen das Flügerl reingebogen, wieder mit dem anderen das andere Flügerl rein, hat ihr den Kopf nach hinten gebogen und sie mir gebracht. Das ist *so* schnell gegangen! Ich hab einen Schrei getan … Weil ich natürlich gedacht hab: »Jetzt ist die Ente tot! Jetzt hat die sterben müssen! Da mag ich ja den Hund gleich nimmer!« Hab mir auch gedacht: »Mei, wenn sie jetzt tot ist, muss ich zu meinem Mann sagen: ›Ich weiß nicht, warum sie gestorben ist.‹« Sonst hätte er mich geschimpft; hätt' gesagt: »Warum tust' denn die Tiere alle zusammen? Kannst' doch nicht machen!« Aber ich mach das immer. Ich mag das nicht, dass ein Tier von den anderen getrennt ist.

Aber wie ich die Nis geschimpft hab, hat sie das Anterl sofort fallen lassen und richtig fest gezittert – weil sie gewusst hat: Sie hat was Verkehrtes gemacht. Dabei hatt' sie ihr kein Haar gekrümmt! Einfach nur sauber die Ente zusammengefaltet und mir gebracht. Wie gelernt!

Dann hab ich aber wirklich ernst mit ihr geredet. Hab ich gesagt: »Nis, du bist jetzt in Rente. In Pension. Du musst keine Enten mehr fangen. Nie mehr!« Da hat sie den Kopf gesenkt – und auch wirklich nie mehr eine gefangen. Bei den Meerschweinderln war's dringelegen … überall. Sie hatt' so richtig kapiert, dass sie nimmer auf Jagd gehen muss.

Dann war ich wieder im Tierheim beim Arbeiten; da hat's geheißen: »Jetzt haben wir einen Hund gekriegt, den mag wieder keiner, der ist schon uralt …« Der war in Markt Schwaben bei der S-Bahn angebunden. Das war die Hexi. Die Hexi war eine Pudelmischung. Ein bissel lockig war sie – und eine furchtbare Wurzn*. An sich war sie recht lieb, aber wenn sie beim Fressen war und man ist da bloß in die Nähe gekommen, hat sie gleich Wutanfälle gekriegt. Und wenn sie erst mal wütend war oder wenn man sie geschimpft hat, hat sie sich in eine Ecke gestellt und hat gebockt. So einen Hund hatt' ich noch nie. Beim ersten Mal war sie einfach verschwunden. Denk ich mir: »Wo ist'n die jetzt?« – Hat sie mit dem Kopf in irgendeine Ecke reingeschaut und ist da eine Stunde dringestanden; und war sauer oder beleidigt, ich weiß es nicht. Und nach einer Stunde war das wieder vorbei.

Als Nächstes hatt' ich einen Hund von einem Tierarzt in der Stadt. Der hat gesagt: »Mei, Frau Walser, bei mir ist eine Frau, die

* Wurzn = bayerisch für: derbes weibliches Wesen

hat eine Hündin; und die Hündin hat Junge gekriegt, fünf Junge, und jetzt frisst sie jeden Tag eins davon auf, zwei sind noch da – täten Sie die aufziehen mögen?« Sag ich: »Ich hab noch nie einen Hund aufgezogen, aber das werd ich dann auch noch können.«

Und so hab ich da die zwei Babys aufgezogen. Sally und Mandy. Das ist schon lange her. Aber das war auch ein nettes Erlebnis. Ich find überhaupt: Wenn man das annimmt, was auf einen im Leben zukommt, ist man oft überrascht, was für schöne Sachen dabei rauskommen. Wenn man nicht immer gleich Nein sagt. Ich hab das Gefühl, wir sagen überall Nein – kann ich nicht, mach ich nicht, zahl ich nicht, will ich nicht. Aber ich hab – wenn ich so nachdenk – nie bereuen müssen, dass ich Ja gesagt hab. Es war für mich immer ein Gewinn an Wissen und auch an Freude.

Als Nächstes hatte ich die Mona. Die Mona war ein Hund ohne Schwanzerl. Ich weiß nicht, warum man ihr auf Mallorca das Schwanzerl abgeschnitten hat. Jedenfalls hat sie eine Zeit lang bei mir gelebt, dann hab ich sie an eine Frau in Nymphenburg vermittelt, die Frau Mayer; ihr Hund war gerade gestorben. Dann hat sie die Mona genommen. Jetzt war das aber so: Jeder Hund, den ich weitervermittelt hab, ist zur Pflege wieder zu mir gekommen, wenn das Frauli im Urlaub oder im Krankenhaus war. Aber die wollten dann alle nimmer zurück! Die waren alle lieber bei uns. Dabei haben sie's dort gut gehabt. Das wär' gelogen, wenn ich was anderes sagen würde. Aber sie waren einsamer. Luna zum Beispiel – von der hab ich noch nicht viel erzählt, das war mein erster Hund aus Mallorca – hatt' ich inzwischen auch vermittelt. An eine Frau Schneider. Die hat sogar einen Garten gehabt. Aber der Hund war halt alleine und die Frau war schon älter. Und bei uns war allweil Trubel. Gerade die Luna – wenn ihr langweilig war, weil die anderen Hunde alle geschlafen haben, hat sie beschlossen: »Jetzt machen wir wieder ein bisserl Radau.« Dann ist sie raus und hat einfach ins Leere gebellt. Sind natürlich alle rausgefetzt. Die hat die richtig animiert. Damit wieder was los war. Das konnte sie. Das war ihre größte Freude, wenn wieder Leben in der Bude war.

Der nächste Hund – das darf man gar nicht laut sagen – war ein gestohlener. Der sollte nur Junge kriegen, fürs Tierversuchslabor. Möglichst viele im Jahr. Den haben Tierschützer befreit. Der ist dann in einem Tierheim bei uns in der Nähe gelandet; und so haben wir auf einmal die Nelli gehabt. Das war eine Beagle-Mischung. Die hat sich am Anfang auf keine Wiese getraut. Sie kannte ja nur das Pflaster von den engen Betonabteilen, die's ihr Leben lang gehabt hat. Die musste ich erst mit der Leine zerren, damit sie sich auch da gehen traut, wo Gras und Erde ist. Aber nachher war das *so* ein dankbarer Hund und wollt' auch immer alles richtig machen.

Mein vorletzter Hund war dann die Ruka – eine Bordercollie-Dalmatiner-Mischung. Die hatte schon fünf Besitzer gehabt. Vier sind gestorben, und die letzte Frau musste ins Altersheim. Ihr Sohn hat mir die Ruka dann gebracht. Hat gesagt: »Fassen Sie sie nicht an, die beißt.«

Ich hab sie auch wirklich nicht angerührt; hab mich einfach aufs Sofa gesetzt. Sie ist gleich danebengehüpft. Hat mich angeschaut – und ich sie; fünf Minuten haben wir uns nur in die Augen geschaut. Dann hab ich gesagt: »Jetzt mach ich dir ein feines Fressi.« Hab ihr Hackfleisch gegeben und ein bissel Wurst, Kalbfleisch ... alles, was ich so gehabt hab, einen Teller mit fünf verschiedenen Sachen drauf. Und hab gesagt: »Schau mal. Wenn du das gegessen hast und es hat dir geschmeckt, kriegst du mehr.« Dann hat sie mich angeschaut und angefangen zu fressen. – Ab dem Moment war das mein Bodyguard. Ich hatt' noch nie einen solchen Bodyguard. Sie war einfach immer da. Da ist, vom Charakter her, wahrscheinlich der Bordercollie durchgekommen. Denn wenn die wo sitzen, dann passen sie auch auf. Du bringst sie da nicht weg. Die sind unglaublich konsequent in ihren Handlungen.

Interessant war auch, dass sie Muscheln mochte. Und Lachs. So edlere Sachen halt. Das hat die alles gekannt. Wenn wir Muscheln gekriegt haben für unsere Wasserschildkröten – abgelaufene Miesmuscheln vom Supermarkt –, hat sie sich immer fünf geholt. Immer fünf. Sich genommen, selber aufgemacht … Das konnte sie.

Aber dann hat sie Krebs gekriegt und wir haben sie einschläfern lassen müssen, meine Ruka, weil sie nimmer fressen konnte, und haben sie draußen im Garten begraben. Alle unsere Tiere sind da begraben. Fünf Friedhöfe haben wir. Zentralfriedhof. Nordfriedhof. Ostfriedhof. Westfriedhof …

Und unser jetziger Hund – da hat jemand für mich im Internet nach behinderten Straßenhunden aus Rumänien gesucht. Weil ich mir gedacht hab: »Wenn ich jetzt nimmer so viel gehen kann, nehm ich lieber einen Hund, der nicht so viel Auslauf braucht.«

Das war dann die Chris, auch eine Bordercollie-Mischung. Die hat so geheißen, weil s' an Weihnachten – Christmas – im Straßengraben gefunden worden ist, angefahren und verletzt, mit fünf Babys. Danach war sie drei Jahre lang irgendwo am Stadtrand von Bukarest im Tierheim. »Die lebt immer noch wie ein Straßenhund«, hat's geheißen, »immer draußen, schläft Sommer wie Winter in irgendeiner Ölwanne drin und hat eine leichte Gehbehinderung.« Diese Gehbehinderung hat so ausgeschaut, dass sie nach zwanzig Metern jedes Mal zusammengebrochen ist. Ihr Hintergestell ist einfach nach unten gesackt.

Deshalb war ich mit ihr bei der Tierärztin und hab sie röntgen lassen. Hat die zu mir gesagt: »Warum haben S' jetzt grad *die* genommen, die Ihnen so Scherereien macht?« Sag ich: »Ich weiß nicht. Eigentlich nur, weil sie an Weihnachten gefunden worden ist. Und weil ich mir gedacht hab: Vielleicht freut sich der Herrgott auch, wenn ich so einen Weihnachtshund nehm. So einen angefahrenen.«

Ich hab's aber auch nicht bereut. Sie ist halt ganz anders. Viel ernster als die andern. Wir haben sie inzwischen operieren lassen, jetzt klappt sie auch nimmer zusammen. Aber es ist immer noch so: Wenn sie irgendwo nicht gehen will oder überhaupt irgendwas nicht will, dann legt sie sich hin – und zwar *seitlich!* – und macht »toter Hund«. Und wenn die Richtung wieder passt, springt sie auf …

Oder in der Früh: Jeder andere Hund schwanzelt, wenn du reinkommst, und freut sich. Die nicht! Die schaut dich an – wenn sie grad lustig ist, schwanzelt sie, und wenn sie nicht mag, schwanzelt sie nicht. Auf das muss man sich einstellen. Das ist bei einem alten Hund einfach so, dass er spezielle Angewohnheiten hat. Aber ich kann die Angewohnheiten eigentlich alle akzeptieren. Wenn ein Hund was nicht mag, muss er's auch nicht machen. Die werden auch *von selber* zutraulich und zugänglicher. Wenn man sie nicht zu was zwingt, hat man sowieso schon gewonnen. Ja, und dann wird's schon irgendwie in Ordnung gehen, das Miteinander.

Ich bin inzwischen achtundsiebzig. Und das ist jetzt einfach mein Leben gewesen. Und das ist gut so. Es war viel Arbeit, aber auch viel Freude. Und viel hab ich gelernt. Viel hab ich auch gelernt, weil ich nicht aufgegeben hab. Und weil ich zu allen meinen Hunden gesagt hab: »Wenn du schon da bist, dann bleibst du da. Schauen wir mal, wie wir miteinander auskommen.« Aber eins weiß ich g'wiss: Durch die Tiere ist unser ganzes Leben lang immer was los gewesen. Und wenn ich sterb, denk ich mir oft, kann ich sagen: Langweilig war's nie.

Ein Engel in Eselgestalt

Erzählt von Tom Putzgruber, Salzburg

Unser Verein hat Tierärzte in Nouakchott, der Hauptstadt Mauretaniens. Die fahren jeden Tag an verschiedene Wasserstellen, um sich dort um die Arbeitsesel zu kümmern. Und ein- bis zweimal im Jahr sind wir selbst vor Ort, um das Team zu unterstützen.

Allein in Nouakchott gibt's schätzungsweise hunderttausend Arbeitsesel. Die arbeiten von früh bis spät, jeden Tag, und ziehen Lasten von bis zu einer Tonne. Es gibt da diese Eisenkarren – und ich hab gesehen, wie die mit Zwanzig-Liter-Farbkübeln beladen wurden. Am Schluss waren fünfzig Stück drauf! Noch dazu sind die Esel in Mauretanien eher kleinere Esel. Sie ziehen also diese Karren, die schon leer extrem schwer sind, die alte Autoreifen draufhaben, überwiegend ohne Luft, dann sitzt auch noch ein Fahrer hintendrauf – und vielleicht das Schlimmste: Die Karren haben ein gerades Gestänge. Wenn das gebogen wäre, würde es schon viel weniger auf den Esel drücken. Aber so, wie es ist, und auch wegen dem schlechten Geschirr, das meistens einfach mit Drähten zusammengeflickt ist und bei jedem Schritt scheuert, entstehen die furchtbarsten Wunden.

Dazu kommt, dass die Leute dort ohne ersichtlichen Grund auf die Esel einschlagen. Andauernd. Richtig monoton. Ich habe schon beobachtet, dass die Esel im Stau stehen, mit der Nase an der Stoßstange von dem Auto davor, und der Fahrer schlägt immer wieder zu. Und zwar nicht nur ein bissel, sondern heftig. Vielleicht aus einer Lethargie heraus. Oder aus einer Hoffnungslosigkeit. Die Lage in Mauretanien ist ja wirklich brutal. Es ist eines der ärmsten Länder der Welt. Was auch der Grund ist, warum fast alles mit Eseln transportiert wird. Fürs Baugewerbe. Für die Wasserversorgung. Nachdem es sogar in der Stadt kaum Wasserleitungen gibt, transportieren Esel auch sämtliches Wasser.

Das ist natürlich alles eine extreme Beanspruchung für die Tiere. Gefüttert werden sie fast nur mit Karton. Da gibt's extra Leute, die den ganzen Tag nur Kartons zerkleinern. Und das wird den Eseln in den Futtersack reingegeben; weil sie – anders als Pferde – die Zellulose aus dem Karton verwerten können. Ansonsten werden sie halt abends losgelassen, damit sie im Müll nach was anderem zum Essen suchen können.

Einmal hab ich eine Geschichte erlebt – da tu ich mir echt ein bissel schwer, sie zu erzählen, weil mir das einfach zu nahegegangen ist. Und zwar waren wir in der Früh kurz vor acht auf dem Weg zu einer der Wasserstellen. Unser einheimischer Tierarzt, Dr. Dieng, hatte uns von unserer Herberge abgeholt. Und unterwegs unterhält man sich halt meistens über den kommenden Tag. Welche Wasserstellen wir anfahren, ob sie tief im Sand liegen oder relativ gut zugänglich sind. Solche Dinge. Und ich hab da immer eine Kamera mit und mach – meist aus der offenen Schiebetür, weil's da so heiß ist – wahllos ein paar Fotos, die ich mir abends am Computer anschau. Aber aus irgendeinem Grund hab ich diesmal unmittelbar aufs Display geschaut – und hab gesehen, dass da ein Esel neben der Straße liegt und ein anderer Esel danebensteht. Wegen diesem zweiten Esel ist mir das Ganze überhaupt erst aufgefallen. Denn solche Situationen – dass ein Esel neben der Straße liegt – sind da so häufig, dass man davon ausgehen kann, dass er tot ist. Aber irgendwie hab ich gesagt: »Drehen wir um und schauen wir uns das an.«

Dann haben wir allerdings, schon als wir hingekommen sind, gesehen: Dem liegenden Esel steht der Fuß weg. Richtig in einem Bogen. Wirklich grauenhaft. Vermutlich war er angefahren worden. Und der andere Esel steht daneben, schleckt ihm den Fuß und will ihn immer so ein bissel zum Aufstehen bewegen, indem er ihn mit der Nase anstupst.

Jetzt ist aber so eine Verletzung – das war ein offener Vorderfußbruch, unterhalb vom Knie – in so einem Land ein sicheres Todesurteil. Wobei der Herr Dr. Facharani, das ist ein Tierarzt aus Deutschland, der uns auch nach Mauretanien öfter begleitet, hinterher zu mir gemeint hat, dass der Esel wohl auch bei uns nicht mehr zu retten gewesen wäre. – Das Erstaunliche, oder sagen wir Gewöhnungsbedürftige, ist halt nur, dass so etwas in solchen Ländern fast niemanden kümmert. Der Esel ist unmittelbar neben der Straße gelegen, fast schon in der Straße drin; da sind ständig Autos vorbeigefahren, ein paar Meter weiter waren Bauarbeiter damit beschäftigt, Sand auf LKWs zu verladen; aber so was berührt dort niemanden. Ich glaub, weil es so alltäglich ist. Solche Sachen passieren in Mauretanien dauernd. Jeder hat da selber so zu kämpfen, dass er das Unglück von anderen nicht mehr so nah an sich ranlassen kann. Oder will.

Was mich allerdings gewundert hat, war, dass der zweite Esel da gestanden ist. Dass er überhaupt die Möglichkeit dazu hatte – und nicht arbeiten musste. Noch dazu war das ein gesunder, wirklich schöner Esel, ohne Wunden, ohne alles! Man muss auch bedenken, dass Esel in Mauretanien eine Grundscheu vor Autos und auch vor Menschen haben. Weil sie von beiden nie was Gutes erfahren. Ich hab dort noch nie einen Esel gesehen, der freiwillig hergekommen ist. Selbst wenn du hingehst und irgendwelche

Delikatessen für ihn hast, Karotten oder so etwas, er wird nichts nehmen. Selbst wenn er ausgehungert ist, wird er so weit zurückgehen, wie er zurückgehen kann – wenn er angebunden ist, so weit das Seil reicht. Doch das hat dieser zweite Esel alles nicht getan. Er ist dann zwar ein bisschen auf die Seite gegangen, hat aber immer genau geschaut, was wir machen.

Wir haben dann seinen Freund zuerst ein bissel von der Straße weggerückt und überlegt, was wir tun sollen – aber schließlich übereinstimmend gesagt, wir müssen ihn so schnell wie möglich einschläfern, denn das geht nicht anders. Jetzt ist es aber zum einen so, dass die dafür benötigten Narkosemittel ganz schwer aufzutreiben sind. Zum anderen muss man sich darüber klar sein, dass sogar in einer Millionenstadt wie Nouakchott nix verborgen bleibt. Das ist wie ein Dorf. Um einen Esel einschläfern zu können, muss man wissen, wem er gehört, weil's sonst irrsinnige Schwierigkeiten gibt; der Besitzer erfährt unweigerlich, wer das gemacht hat, und kommt dann mit immensen Forderungen, die wir – wie übertrieben sie auch sind, und das sind sie immer! – begleichen müssen, weil wir uns in so einem Land, wenn wir dort weiterhin Tiere behandeln wollen, genau an die Regeln halten müssen. Denn sonst werden wir dort ganz schnell nicht mehr arbeiten dürfen.

Deshalb haben wir gesagt, am einfachsten ist es, die Polizei zu rufen, damit die den Esel erschießt, und haben dann mit dem Chef dieser Bauarbeiter dort am Straßenrand geredet – der auch hoch und heilig versprochen hat, sich um alles zu kümmern und uns anzurufen, sobald alles geregelt ist.

Und dann sind wir schweren Herzens weitergefahren. Haben den Vormittag über an der Wasserstelle gearbeitet – einfach unsere übliche Arbeit gemacht: Spritzen gegeben, Wunden versorgt, Hufe geschnitten. Die sind bei Eseln ein großes Problem.

Wir beschäftigen in Mauretanien einen Hufschmied. So etwas war vorher unbekannt. Also haben wir eine österreichische Hufschmiedin mitgenommen, die ein paar Leute ausgebildet hat; weil viele Esel allein wegen der ungepflegten Hufe sterben müssen. Die sind irgendwann so verwachsen, dass die Esel nicht mehr gehen können. Und sobald sie nicht mehr gehen können, werden sie zum Sterben zurückgelassen. Es gibt da einen sogenannten Eselmarkt. Das ist ein ganz furchtbarer Platz. Dort kommen die Leute mit ihren alten, unbrauchbar gewordenen Eseln hin, holen sich neue Esel – und bringen die alten, ausrangierten mit; lassen sie einfach stehen. Die verhungern, verdursten, haben keine Chance. Hinter dem Eselmarkt gibt's ein Feld, wo du – ich weiß nicht – hundertfünfzig tote Esel liegen siehst. Gerippe. Zerfallene. Dieses Feld wird alle paar Monate umgepflügt. Mit Bulldozern. Und kurz darauf ist der Platz schon wieder voller toter Esel.

Jetzt ist aber bis mittags kein Anruf von dem Bauarbeiterchef gekommen. Also haben wir gesagt: »Beim Zurückfahren schauen wir noch mal hin« – haben dann aber schon von Weitem gesehen, dass der eine Esel immer noch dort steht und aufpasst. Zuerst haben wir seinen verletzten Freund mit ein paar Leuten noch ein paar Meter von der Straße wegbewegt, haben es dann aber einfach nicht mehr ausgehalten, ihn so leiden zu sehen. Über einen Bekannten von Dr. Dieng, einen Apotheker, konnten wir schließlich nach langem Hin und Her ein Mittel zum Einschläfern auftreiben. Sind zu den Eseln hingefahren. Aber auf einmal wollte Dr. Dieng das Mittel erst verabreichen, wenn sichergestellt ist, dass der Esel danach sofort abtransportiert wird – weil's anscheinend in Mauretanien viele Menschen gibt, die tote Tiere essen! Einfach, weil die Not da so groß ist. Und wenn der Esel durch das Mittel vergiftet ist, ist das natürlich gefährlich.

Dann haben wir lange, lange, lange nach einer Transportmöglichkeit gesucht. Es ist schon finster geworden. Und der andere Esel ist immer noch dort gestanden. Er ist jetzt auch gar nimmer weggegangen, als wir da beschäftigt waren. Irgendwann konnte dann auch der Besitzer von dem verletzten Esel ausfindig gemacht werden. Er hatte sogar ein Tuk-Tuk-Fahrzeug mit drei Rädern und einer Ladefläche hinten. Aber dann mussten wir erst ewig mit ihm verhandeln. Sozusagen, was es *uns* kostet, wenn *er* seinen eigenen Esel abtransportiert! Das war natürlich besonders ernüchternd. In solchen Momenten weiß man, dass man völlig ausgeliefert ist. Wenn er gesagt hätte: »Ihr macht jetzt gar nix. Ihr lasst meinen Esel da liegen«, hätten wir das auch akzeptieren müssen.

Und dadurch hat sich das alles noch weiter hingezogen. Sicher bis sieben, halb acht. Inzwischen sind viele Leute ringsherum gestanden. Ein paar wollten – ich hab das ein bissel zu spät gemerkt – den verletzten Esel aufs Tuk-Tuk heben. Sie hatten ihn schon gepackt, haben am Bein herumgezerrt, ihn aufgestellt, er ist natürlich sofort wieder eingeknickt. Da haben wir uns dann wirklich *strikt* dagegen gewehrt. – Viele Leute wissen das nicht, aber ein Problem ist auch, dass Esel ihre Schmerzen kaum zeigen. Man hat natürlich gemerkt, dass er Schmerzen hat – ist ja klar. Er hatte die Augen sehr weit offen. Die Pupillen ganz groß. Das sind halt diese typischen Anzeichen. Aber äußerlich war er relativ ruhig, relativ gelassen, hat nur immer wieder den Kopf leicht gehoben und hat sich von dem anderen tätscheln lassen; der hat ihn angeknabbert so ein bissel, wie's halt die Esel machen in ihrer Zärtlichkeit.

Irgendwann haben die Leute den anderen aber doch ein Stück weggetrieben. Und so langsam hat man schon gemerkt – normalerweise stehen die Leute, wenn wir dort ein Tier behandeln, zusammen herum. Da wird gescherzt und gelacht und es ist laut. Und diesmal war das zuerst auch so. Aber je länger das gedauert hat, desto ruhiger sind sie geworden und waren wirklich betroffen.

Der Dr. Dieng hat dann vorbereitend Ketamin gespritzt. Das ist ein Betäubungsmittel. Und man hat da schon gemerkt, dass der Esel sich auch innerlich ein bissel entspannt. Ich hab seinen Kopf auf meinen Schoß gelegt, während der andere Esel ungefähr fünfzehn Meter entfernt zwischen zwei Fahrzeugen gestanden ist und mit hängendem Kopf beobachtet hat, was passiert. Ich glaube, er wird inzwischen gewusst haben, wie die Sache ausgeht. Und das hat mir alles ungemein leidgetan. Ich hab immer gehofft, er geht jetzt oder ist schon weg. Aber jedes Mal, wenn ich mich umgeschaut hab, war er noch da.

Und schließlich – endlich! – konnte der Dr. Dieng dann anfangen, über einem kleinen Gaskocher dieses Pulver zu brauen; mit schwerer Atemschutzmaske auf, weil diese Dämpfe extrem giftig sind. Inzwischen war's dunkel und Abendverkehr und die zweispurige Straße war zu einer vierspurigen Straße geworden – mit der Sandpiste daneben als normaler Fahrspur –, weswegen wir aufpassen mussten, dass der Esel, der ja am Boden lag und leicht übersehen werden konnte, nicht noch mal zusammengefahren wird.

Und dann kam eben das Mittel. Das muss man direkt ins Herz spritzen. Der Arzt beugt sich drüber. Ich hab dem Esel weiter den Kopf gehalten. Und trotz der Betäubungsspritze, die er schon bekommen hat, versteift sich sein ganzer Körper, es schüttelt ihn. Dr. Dieng muss drei oder vier Mal diese Spritze befüllen und reinstechen. Das ist schon *sehr* grausig. Irgendwann hab ich wirklich bitter geweint, hab aber den Esel bis zum letzten Atemzug gehalten. Der Dr. Facharani hat ihn noch abgehört, damit man sichergeht, dass er wirklich tot ist. Dann bin ich aufgestanden und weggegangen, weil ich allein sein wollte. Und da ist ein dunkelhäutiger Junge hergekommen, der schon die ganze Zeit bei uns gestanden ist – so um die zehn Jahre alt –, und hat mich umarmt. Das hat mich dann, trotz allem, irrsinnig gefreut – auch wegen seiner eigenen Betroffenheit; weil es so etwas dort ja normalerweise kaum gibt.

Wir haben den toten Esel schließlich aufgeladen – und als wir weggefahren sind, hab ich noch mal zurückgeschaut. Der andere Esel ist noch immer auf dem Platz dort stehengeblieben, zwischen den Autos, und hat's, glaube ich, an der Stelle wirklich registriert, dass er jetzt endgültig allein ist. Das war dann fast herzzerreißend.

Und das ist für mich wirklich das Ungewöhnlichste an dieser Geschichte – weil es in diesem Land sonst keine Esel gibt, die den ganzen Tag nichts zu tun haben und die noch dazu nicht gekennzeichnet sind. Denn das kommt ja noch dazu: Eben weil sie nachts freigelassen werden, damit sie im Abfall nach Fressen suchen können, werden sie von ihren Besitzern gekennzeichnet. Das ist oft eine ganz brutale Maßnahme. Entweder wird ein Ohr abgeschnitten, ein halbes Ohr, ein ganzes Ohr, beide Ohren, das wird gespalten, es werden Zeichen in den Esel reingeritzt, damit die Leute bestätigen können, dass es ihrer ist. Und dieser Esel hatte *keine* solche Zeichnung. Ich hab manchmal schon gedacht, ob er irgendeine Erscheinung, ein Engel in Eselgestalt war, der einfach gekommen ist, um dieses schreckliche Los des anderen ein bisschen abzumildern und ihm diesen ganzen langen Tag über beizustehen.

Der Seehasenritt

Erzählt von Michael Schrödl, München

Als Meeresschneckenforscher taucht man immer wieder in Umgebungen, die erst mal nicht sonderlich interessant aussehen. In Peru war ich zum Beispiel im Hafenbecken von so nem Fischereihafen, wo's wirklich nur Algendreck und wabernde Grünalgenschleier zu geben schien. Aber auf einmal saß da ein großer Schwarzer Seehase vor mir.

Seehasen sind fast schalenlose Schnecken, die bis zu einem halben Meter groß werden, mit zwei Tentakelpaaren, von denen das obere wie das Löffelpaar eines Hasen aussieht. Also wirklich ziemlich putzig. Wobei es vor Peru ne knallschwarze Art gibt, die ich vorher noch nie gesehen hatte und von der ich auch wusste, dass von ihr noch kein einziges Exemplar in einem Museum existiert, um daran zu forschen.

Und genau so ein Seehase saß da jetzt direkt vor mir in den Grünalgen. Hab ich mir gedacht: »Hm, eigentlich würde ich dich schon gerne mitnehmen und hernach in ein Glas stecken!« Das ist halt immer ein echtes Dilemma, in dem wir Forscher uns befinden. Auf der einen Seite nehm ich natürlich nix mit, was ich nicht brauche. Ich gönne allen Tieren ihr Leben und ihre Freiheit. Aber wenn es von einer bestimmten Art noch kein einziges Exemplar für die Wissenschaft gibt: Das geht dann auch wieder nicht. Denn um zu wissen, was man schützen will, muss man ja erst mal wissen, was vorhanden ist. Und das muss man erforschen und beweisen können. Dafür existieren zoologische Sammlungen. Wissenschaft an sich. Und deshalb war mein erster Impuls: mitnehmen! Das rate ich auch den Studenten normalerweise: »Nehmt lieber mehr mit, weil, man braucht's halt im Endeffekt immer.« Ich bin kein Seehasen-Streichler. Ich bin Forscher. Und zwar ein leidenschaftlicher Forscher, der noch dazu weiß, dass das außer ihm niemand tut – dort in Peru.

Jetzt hatte ich aber gerade keine Tüte dabei, die groß genug gewesen wäre. Das war natürlich blöd. Ich hab gedacht: »Wenn ich den nicht gleich mitnehme, find ich ihn in all dem Algenschlonz nie wieder.« Also hab ich ihn genommen und einfach auf meinen Oberarm draufgesetzt. Seehasen lassen sich ohne Weiteres nehmen. Sie sind nicht sehr schreckhaft. Vielleicht auch deshalb, weil sie wegen ihrer chemischen Schutzsubstanzen kaum natürliche Feinde haben. Ein anderer Abwehrmechanismus besteht darin, sich einfach fallen zu lassen und mit der Strömung in Richtung Boden zu schweben. Auf diese Weise ist die Schnecke ruckzuck weg und außer Gefahr. Oder sie schwimmt weg. Ich weiß nicht, wie es bei *dieser* Art ist, aber viele Seehasen können schwimmen oder zumindest ein bisschen durchs Wasser flattern. Das wäre auch noch eine Option für ihn gewesen. Hat er aber nicht gemacht. Nicht mal einen Versuch unternommen. Sondern saß da seelenruhig auf meinem Arm und hatte sich inzwischen festgesaugt.

Dann bin ich langsam losgeschwommen; hab drauf geachtet, dass er sich nicht doch noch fallen lässt, hab dann aber gemerkt: Okay, der hat seinen Vorderkörper mit den Tentakeln aufgestellt und schnuppert so richtig in den »Fahrtwind«. Anscheinend fand er das alles gar nicht so unangenehm, sondern genoss es sogar, von mir durchs Wasser geschippert zu werden. So etwa: »Wow!

So schnell war ich ja noch nie unterwegs!« Genau so fühlte sich das an. Dabei war der restliche Tauchgang gar nicht so kurz. Wir haben fast eine halbe Stunde bis zum Einstieg gebraucht. Aber er saß da die ganze Zeit in seiner entspannten Seehasen-Habachtstellung auf meinem Arm und hat sich überhaupt nicht wegbewegt.

Und als wir dann angekommen waren – tja, ich hab's einfach nicht übers Herz gebracht, ihn in ne Tüte zu stopfen und dann einzuschnapsen, wie wir sagen; das heißt, in ein Glas einzumotten und mit Alkohol zu übergießen. Das konnte ich meinem Tauch-Spezl dann nicht mehr antun. Also hab ich ihn da wieder zwischen die Algen gesetzt und weitermümmeln lassen. Wodurch er zu einer der wenigen Schnecken wurde, die ich verschont habe, obwohl ich sie für die Forschung hätte gebrauchen können.

Versteckspiel mit Ratte

Erzählt von Dorothea Ott, Rommerskirchen / Niederrhein

Ich habe in der Nordeifel einen Wohnwagen auf einem Campingplatz direkt an der Rur. Rur ohne »h«. Die Rur kommt ja aus dem Hohen Venn, aus Belgien, und verläuft bei uns noch ganz natürlich. Hochwasser ist da normal. Aber als ich letzten Sommer im Juli mal da war, hatte sie Niedrigwasser. Ich weiß gar nicht mehr, warum ich nach draußen und in Richtung Fluss gegangen bin. Manchmal fütter ich da die Fische. Jedenfalls kucke ich aufs Wasser und denk: »Was schwimmt denn da – klein, rosa Füßchen – hilflos auf der Wasseroberfläche?«

Ich hatte zum Glück ne kurze Hose an, musste allerdings erst mal ein paar Steinstufen runter; war noch dazu am Humpeln, weil ich mir den Fuß verknackst hatte – und dadurch verlor ich das Tierchen kurz aus dem Auge. Es war schon unter Wasser. Aber ich hab's dann doch irgendwie sofort zu packen gekriegt.

Nachher saß ich in der Sonne und dachte: »Was hab ich denn *da* jetzt?«; hab's vorsichtig trocken gerieben, es hat sich ein paar Mal geschnäuzt, weil es schon Wasser eingeatmet hatte, aber ansonsten war's recht lebendig. Ich hab nur gedacht: »Du willst leben!«

Und dann bin ich mit dem Tierchen nach Hause in meine Wohnung gefahren; hab's in nen Karton getan, mit Handtuch, und im Internet nachgelesen: »Handaufzucht Ratten«. Inzwischen war ich mir sicher, dass es ne Ratte ist, weil: Für ein Mäusebaby war's zu groß. Hab Katzenaufzuchtmilch geholt. Die musste man anrühren, in eine Pipette rein – Pipette hatte ich –; und dann hat der kleine Rattenmann immer kräftig, kräftig getrunken. Erst *eine* Kanüle weg, dann drei Kanülen weg … In den nächsten Tagen konnte man ihm beim Wachsen förmlich zusehen.

Damals lag er zwischen den Mahlzeiten meist im Hamsterkäfig. Er war ja trotz allem noch winzig. Und blind. Gott sei Dank war ich wegen meines Knöchels zwei Wochen krankgeschrieben. Anders wäre das gar nicht gegangen. Denn alle zwei, drei Stunden wurde er wach, hat getrunken und ist dann wieder eingeschlafen.

Zuerst hab ich ganz bewusst gar nicht mit ihm gesprochen, weil ich nicht wollte, dass er sich an meine Stimme gewöhnt. Ich wollte den ja auswildern. Hatte auch früh schon gemerkt – wenn ich ihn in der Küche gefüttert hab und das Radio war an: Da versuchte er sich zu verstecken. Menschliche Stimmen! Er hatte das also offenbar schon vererbt gekriegt: Menschliche Stimmen bedeuten Gefahr. – Ich hatte dann sogar schon eine gute Stelle zum Auswildern gefunden: einen verlassenen Bauerngarten inmitten von Feldern. Rundherum hohe Fichten. Verfallene Kaninchenställe. Ein total zugewachsenes Gartenhaus. Man musste sich mit der Gartenschere nen Weg bahnen. In einem Schuppen war ein großes Loch im Boden und ich dachte sofort: »Hier sind auch Ratten.« – Letztlich ist es aber nie zum Auswildern gekommen, denn ich hab dann gelesen, dass Ratten grundsätzlich in Rudeln leben, in Familienverbänden. Und da würden die anderen ihn einfach wegbeißen; er wär auf sich allein gestellt; und würde das kaum überleben.

Dazu kam, dass irgendwann seine Äugchen aufgingen. Erst eines, dann das andere. Die waren vorher wie verklebt gewesen. Dann hat er gekuckt: »Ach!«; hat mich gesehen, mich ganz neugierig betrachtet … Tja, und deswegen ging das gar nicht mehr anders: Ich musste mit ihm sprechen. Das hat er am Anfang zwar ein bisschen komisch gefunden, sich dann aber doch dran gewöhnt. Bald konnte ich sogar das Radio anlassen; das war völlig in Ordnung.

Damals war auch die Zeit – nach zwei Wochen: Ich komm mit der Pipette, und er so: »Pfff! Weg damit!« Hat die Pipette regelrecht weggedrückt. Wollte er nicht mehr. Sag ich: »Ist ja okay. Aber dann musst du selber essen.« Hab ihm kleine Eierbecher hingestellt, mit Gemüse, mit Obst. Das klappte ganz gut. Als ich wieder arbeiten musste, konnte er schon ganz selbstständig fressen.

Dann fing er natürlich an, im Käfig alles zu erkunden. Blätter und Erde und Halme und alles, was ich da reingetan hatte. Die Käfige und Boxen wurden mit der Zeit immer größer. Irgendwann gab er mir klar und deutlich zu verstehen: »Ich will nicht mehr da drin sein!« Er war ständig am Hochklettern, am Kucken – und wollte einfach raus.

Wobei ich ihn am Anfang nur dann frei herumlaufen ließ, wenn ich zu Hause war. Ich wusste ja nicht, was er anstellt. Heute weiß ich: Er macht gar nix. Er pennt tagsüber. Er hat im Flur so einen kleinen geflochtenen Wäschekorb mit Deckel drauf. Und da drin wohnt er. Hat sich da ein paar Öffnungen reingeknabbert, sodass er in jede Richtung kucken kann … Wahrscheinlich aus einem angeborenen Sicherheitsbedürfnis heraus.

Neulich hab ich ihm nen Riesenkäfig für hundertdreißig Euro gekauft, hab den zusammengebaut, innen ausgestattet, mit Vorrichtungen zum Klettern, zum Verstecken, hab mir richtig Arbeit gemacht … Er war keine zehn Minuten da drin, da hab ich geglaubt, er kriegt nen Herzinfarkt. Er hat am ganzen Körper gezuckt. »Oh, mein Gott«, dachte ich, »was ist mit ihm?« Ich hab die Tür schnell wieder aufgemacht, denn – es ging einfach nicht. Er hat sich derart aufgeregt! Ich glaube, das ist für ihn das Schlimmste überhaupt: eingesperrt zu sein. Man darf ihn überhaupt zu nichts zwingen. Wenn ich ihn nehme und irgendwo reinsetzen will, sagen wir mal in meinen Bauerndielenschrank – die Tür ist immer auf –, da kriegt er die Krise. Er muss und will das alles alleine erkunden.

Genauso ist es mit dem Essen. Anfangs hatte ich gelesen: Man sollte ihm Naturjoghurt geben. Dachte ich: »Okay, du kannst auch mal Erdbeerjoghurt oder Kirschjoghurt essen.« Nein! Vanillejoghurt! Es muss Vanillejoghurt sein.

Manchmal stelle ich ihm das Schälchen vor das Loch im Wäschekorb. Dann kommt er so halb raus, stützt sich mit den Vorderfüßen ab, mit dem hinteren Teil ist er noch im Korb, schleckt seinen Joghurt, und wenn er fertig ist, geht er rückwärts wieder rein und macht von innen die Tür zu. Er hat da ganz viel Papier – und damit verschließt er wieder das Loch.

Tja, da hab ich mir was aufgeladen! Aber: Ist völlig in Ordnung. Wenn ich abends nach Hause komm: Ich freu mich auf ihn. Er ist dann meist noch am Schlafen, wird aber so langsam aktiv. Am wohlsten fühlt er sich, wenn's dunkel ist. Er braucht nicht viel Licht. Da reicht Mondlicht von außen. Oft leg ich mich dann auf den Boden. Und er kommt und turnt auf mir rum.

Oder wenn ich auf dem Sofa bin und fernsehe – manchmal rufe ich ihn; beziehungsweise, das ist eher ein Flüstern: »Bs-bs-bs.« Ich sag: »Wo bist du denn? Kommst du?« Und dann geht das so: Trippel-trippel-trippel, läuft er vom Flur aus unter den ersten Schrank. Dann hört man erst mal gar nichts. Dann wieder: Trippel-trippel-trippel. Unter den zweiten Schrank. Den dritten. Unter den Heizkörper. Immer an der Wand entlang. Er muss immer Deckung haben. Peilt zwischendurch kurz mal die Lage, ob alles in Ordnung ist … Freie Flächen mag er *gar nicht*. Aber mein Sofa steht nun mal mittig im Zimmer. Und schließlich, auf einmal, traut er sich – zisch! – aufs Sofa; aber dort sofort wieder unter die Decke. Dann muss ich ihn erst mal kraulen. Die Unterseite, die Ohren … Das liebt er. Wenn's nach ihm ginge, könnte ich das stundenlang machen. Aber ich mach das auch gerne. Man glaubt das ja gar nicht: Er hat ein Fell wie Samt. Und er riecht gut. Er riecht nussig. Ich kann – schniff – an ihm riechen und find das nen angenehmen Geruch. Und dann liegt er da und gähnt, wird flach und immer flacher … Ratten können ja die Rippen zusammenklappen, damit sie überall durchkommen. Und das tun sie auch, wenn sie sich entspannen.

Manchmal geht's von der Energie her aber auch in ne ganz andere Richtung. Da tobt er unter der Decke auf mir rum. Galoppiert rauf und runter – und fängt auch schon mal an zu kneifen. Ich zieh mir dann oft Handschuhe an und wir machen so kleine Kämpfe. Er greift die Hand an – ich gehe zurück –, dann knubbel ich *ihn* ein bisschen … Er *spielt* richtig. Das sind Scheinkämpfe. Spielerisches Kämpfen. Normalerweise hört man ihn ja nicht. Aber wenn ihm das Toben zu viel wird oder ich ihn einen Tick zu fest anpacke, gibt er einen kurzen Ton von sich: »Bip!« Ratten unterhalten sich ja meist im für uns Menschen nicht wahrnehmbaren Ultraschallbereich. Aber mein Gehör ist Gott sei Dank sehr gut. Und da kam er einmal an mein Ohr – ich lag gerade auf dem Boden – und fing an … zu wispern. So ganz zarte Töne gab er von sich. Das hörte sich an, wie wenn bei unsereins die Nase verstopft ist. Aber sehr hoch. Ich dachte: »Hm, ist er jetzt erkältet oder erzählt er mir was?«

Ach, der kleine Mops liegt mir schon sehr am Herzen! Mein ganzes Leben hat sich geändert. Ich hab erst vorhin einem Kollegen erzählt: »Mensch, ich hab heut Morgen zwischen fünf und halb sechs im Wohnzimmer auf dem Fußboden gelegen und wir haben da getobt und gewühlt und Verstecken gespielt.« – Das ist nämlich das Neueste. Oft verbunden damit, dass er erst mal aus dem Stand hochhüpft. Er macht richtige Bocksprünge. Mit allen vieren gleichzeitig. Und dreht sich dabei in der Luft. Und ich glaub einfach: Er springt vor Freude. Weil er mit mir spielen kann. Und manchmal läuft er dann los und versteckt sich hinter der Übergardine. Die geht bei mir genau bis zum Boden; aber natürlich bewegt sie sich noch eine Zeit lang; ich *weiß* also, dass er dahinter ist. Dann trippel ich mit den Fingerspitzen über den Fußboden. Der ist bei mir aus Laminat. Von daher hört man das ganz gut. Und wenn ich an der Gardine angekommen bin, rennt er auf einmal los und versteckt sich hinter der nächsten Gardine.

Tja, und das finde ich dann doch bemerkenswert. Dass man mit einem so scheuen Tier, dem sonst überall nachgestellt werden würde, friedlich zusammenleben und auch noch so viel Spaß haben kann.

Unser Sommer mit Murmele

Erzählt von Elisabeth Rietzler, Wiggensbach / Oberallgäu

1997 waren Reinhold, mein Mann, und ich den fünften Sommer als Hirten auf der Horneralp. Da war unser Johannes eineinhalb und unsere Anna fünf, sechs. Die Horneralp, das ist bei Nufenen, gleich vor dem San Bernadino in der Schweiz. Eine reine Jungvieh-Alp. Neunzig Stück Vieh. Dazu hatten wir drei Esel, zwei Kälber, zwei Schafe, vier Hennen und unsere Katze, Stumpi.

Anfang Juli war Reinhold draußen beim Vieh – es war schlechtes Wetter, trüb und regnerisch; auf einmal sieht er zwischen den Steinen und Haselnusssträuchern ein kleines Etwas sitzen. Ein junges Murmele, ein Murmeltier.

Und Murmeltiere sind ja eigentlich ganz scheu. Es gibt zwar Wandergebiete, da bleiben sie bis auf zwanzig Meter vor einem sitzen und schauen. Aber bei uns – wir waren da auf zweitausend Metern, eineinhalb Stunden Fußmarsch auf unwegsamem Gelände vom Dorf entfernt –, da hast du die normal bloß aus der Entfernung gesehen.

Dieses Murmeltier saß aber einfach nur vor Reinhold und schaute ihn an. Und es ist ja bekannt, dass Murmeltiere selten allein unterwegs sind. Meistens sind sie mit ihrer Herde – Mutter, Vater und die ganzen Geschwister – beieinander und spielen und machen. Deshalb wusste Reinhold zuerst auch gar nicht: Soll er das Tier mitnehmen, soll er es alleine sitzen lassen? Aber dann hatte er immer mehr das Gefühl, dass da irgendwas nicht stimmt. Dass entweder den Eltern was passiert ist. Dass zum Beispiel der Adler sie geholt hat. Oder der Kerle war selber vom Adler gepackt und in fremder Umgebung fallen gelassen worden.

Dann hat Reinhold sich zuerst aber gar nicht getraut, ihn anzufassen, weil man ja weiß: Die haben lange Zähne; ob der beißt? Also hat er ihn erst in seine Jacke gepackt und dann mitgenommen.

Auf einmal hatten wir also einen Mitbewohner in unserer Hütte. Und nachdem er nicht krank ausgeschaut hat, war natürlich die erste Frage: Was geben wir ihm zu fressen? Ich hab dann angefangen, ihn mit Kälbermilch zu füttern. Die gibt's ja auch in Pulverform. Die kannst du anrühren mit Wasser. Hab das in eine Plastikspritze rein und ihm – was weiß ich, fünfzehn Milliliter am Anfang – alle drei Stunden ein bissel was gegeben. Und da hat er dann genuckelt. Wie an einer Zitze. Er war nur so groß wie ein kleines Meerschweinchen, aber er hatte richtig Hunger!

Außerdem war uns natürlich klar: Der braucht Wärme. Unsere Alphütte war ja sehr alt und primitiv, ganz aus Stein gebaut, mit einer einfachen Holzschalung und einem Blechdach. Kein Wasser im Haus, von Klo ganz zu schweigen. Und weil wir nur zwei kleine Fenster nach Osten hatten und ansonsten nur eine alte Holztür, die in der Mitte zu teilen war, war's innen immer sehr dunkel. Und auf dieser Höhe, noch dazu bei schlechtem Wetter, war's eben auch, vor allem nachts, ziemlich kalt.

Also haben wir unsere Esel ganz fest gestriegelt, haben Stroh gehackt und versucht, in einer alten Obstkiste mit dem Stroh-Haar-Gemisch und einem alten Kissen als Deckel eine gemütliche Höhle für den Kerle zu bauen; haben unten drunter noch einen vorgewärmten Schamottstein gelegt, dachten zwar: »Klar, das kommt jetzt einem Murmelebau nicht wirklich nahe«, aber haben ihn halt über Nacht da reingelegt.

Das wollte er aber offenbar nicht! In der Früh war er nicht mehr drin. Wir dachten zuerst, er ist weg, aber dann machten wir mehr Licht und da lag er schön zusammengerollt im Federkissen auf dem Kanapee. Das war ab dem Zeitpunkt immer sein Platz. Das Kissen. Auf dem Kanapee.

Als Nächstes haben wir's natürlich auch dem zuständigen Wildhüter gemeldet. Denn normal darf man ja keine Wildtiere halten. Der hat das dann geregelt, dass das Murmele offiziell bei uns leben darf – auch wenn wir am Anfang wenig Hoffnung hatten, dass es überhaupt durchkommt. Viele haben gesagt: »Ihr dürft nicht traurig sein, wenn er euch nach ner Woche stirbt.« Aber das war eigentlich gar nie Thema, sondern er ist gewachsen und wurde so zahm wie eine Katze. Wie ein Familientier. Wenn sein Napf leer war, hat er dich bei den Beinen gepackt und diese typischen Schnalzlaute von sich gegeben: »Jetzt will ich was!« Und die Kinder haben ihn genauso auf den Arm genommen und gestreichelt und mit ihm gespielt wie mit Stumpi.

Und ähnlich wie eine kleine Katze will ja auch so ein Murmelkind ganz viel Aufmerksamkeit. Wir hatten von den Kindern noch einen Plüschbären, so eine Fingerpuppe. Die war dann immer sein Sparringspartner. Klar, der Kerle war ja selber ein Kind! Ein Baby! Der wollte spielen und kämpfen! Und dann hast du ihm halt das Bärle entgegengehalten. Und dann: »Grrrr!« Murmeltiere sehen ja teilweise selber wie kleine Bären aus. Mit der Zeit hat sich das dann so ergeben, dass das wirklich *sein* Tier wurde.

Aber natürlich haben wir ihn nicht nur drinnen gehalten. Er hat sich nach und nach auch mit unseren anderen Tieren arrangiert. Stumpi hat ihn zwar nicht so mögen – die ist immer gegangen, wenn er gekommen ist; der war ihr zu wild. Aber mit den Kühen und mit den Schafen hat er Freundschaft geschlossen. Er hat sich überall frei bewegt. Und wenn du beim Vieh warst und du hast ge-

»Genauso auf den Arm genommen« wie die Katze: die damals sechsjährige Anna mit dem Murmele

rufen – »Murmel!«, dann ist er gekommen. Manchmal hast du auch wirklich die Tür zumachen müssen. Gerade wenn du k. o. warst vom Schaffen und dich aufs Kanapee gelegt hast – der ist ja die ganze Zeit hergekommen und hat dich irgendwo abgeschleckt. Vor allem am Hals, wo man oft schwitzig und ein bissel salzig war. Das mochte er gerne. Am Anfang war das, wegen seiner langen Zähne, schon ein mulmiges Gefühl. Aber er hat uns nie wirklich fest gebissen.

Und dann hat sich das halt immer weiter rumgesprochen, dass wir ein zahmes Murmele haben. Ich glaub, so viel Besuch hatten wir die Jahre zuvor nie. Da sind Jäger vom Dorf raufgekommen. Und sogar Schulklassen. Jeder wollte unseren Murmel sehen und streicheln. Wenn du dir Murmeltiere so anschaust, meinst du ja, die sind ganz schön struppig. Aber das sind sie gar nicht. Klar, sie haben schon ein festes Fell, aber die Füße sind ganz fein, die Haut, die Pfoten; ganz weich ist das alles.

Oft hast du dich bei der Gelegenheit natürlich auch unterhalten: »Was machen wir mit ihm, wenn der Sommer vorbei ist?« Reinhold und ich, wir haben beide gewusst: Mitnehmen kannst du so ein Wildtier nicht. Der ein oder andere hat sich zwar angeboten: »Ja, dann nehm halt *ich* ihn.« Sag ich: »Und was willst du mit ihm machen? Der braucht sein halbes Jahr Winterschlaf. Du kannst ihn ja nicht einfrieren!« Murmeltiere sind ja den ganzen Sommer damit beschäftigt, sich ein Winterquartier zu bauen. Und unser Murmel hat das schon die ganze Zeit auf seine Weise gemacht. Der hat wirklich *alles* brauchen können. Von kleinen Kindersocken über Stoffwindeln, Unterhosen, sämtliche Kleidungsstücke, sogar einen kleinen Bändelteppich. Unser Kanapee bestand eigentlich nur aus einer alten Matratze auf Dielen; darunter war nur eine Handbreit Platz – und Murmel war ja am Schluss an die vierzig Zentimeter. Aber irgendwie hat er es geschafft, da alles drunterzuziehen. Wahrscheinlich aus so einem Instinkt heraus: »Ich muss mir ein Häusle bauen.« Teilweise hat er das Zeug auch aus der Hütte genommen und bis in den Stall raufgeschleppt.

Am 20. September war dann unser Alpabtrieb. Und wir haben immer noch keine Lösung gehabt. Unser Wildhüter hat überall versucht – in Wildparks und so –, ob jemand unsern Kerle aufnimmt. Aber da war nix zu machen. Ehrlich gesagt haben wir von Einschläfern bis Ausstopfenlassen und Mitnehmen-als-Andenken schon alles Mögliche überlegt.

Als es losging mit dem Alpabtrieb, sind wir mit dem Jungvieh und den Kühen in der Früh runter ins Tal. Die Hennen waren noch oben. Auch die Esel … Auf dem Weg zurück haben wir uns dann arbeitstechnisch getrennt: Reinhold hat Johannes auf den Rücken genommen und ist mit ihm weiter unten Zäune ablegen gegangen. Und ich bin mit unserer Anna wieder rauf.

Und dann ruf ich – »Murmel« –, aber er kommt nicht! Denk ich:

»Das ist aber komisch; der kommt doch *immer,* wenn ich ihn rufe«, weil ich eigentlich die Hauptperson für ihn war. Und als Nächstes hab ich schon gemerkt, dass in dem kleinen Blechfass, das wir vorn für die Kühe hatten, so blutiges Zeug geschwommen ist. Eineinhalb Wochen vorher, am 9. September, war die Jagd losgegangen. Und da gab's zwei italienischsprachige Jäger – von Mesocco waren die, das kommt gleich nach dem San Bernardino auf der anderen Seite –, die waren schon seit Tagen auf eine Hirschkuh aus, soviel ich wusste. Sonst war an dem Tag niemand unterwegs. Und da hab ich gedacht: »Die werden doch nicht …!«

Hinter der Hütte war noch ein großer Stall. Da ist unser Murmel gern gehockt und hat sich gesonnt. Er hat ja auch keine Angst gehabt vor Menschen. Ich denk, die hätten sich einen Meter entfernt hinstellen und ihn in aller Ruhe abknallen können. Und dann hab ich schon gesehen – dass sie ihn dort an die Wand hingeballert haben. So richtig mit ihren Großkalibern zu Gulasch geschossen.

Dann hab ich die zwei entdeckt – die waren inzwischen schon zweihundert Höhenmeter weiter oben – und bin mit Anna im Schlepptau rauf. Ich glaub, ich hab getan wie eine Furie. Ich hab wahrscheinlich mehr geweint und geplärrt, als mich verständlich ausgedrückt. Und die haben natürlich so getan, als ob sie »nix verstehn«, aber die haben schon gewusst, was ich will.

Tja, und dann war das Problem – auf für uns traurige Art und Weise – gelöst. Aber so blöd es sich anhört: Vielleicht war's so sogar das Beste. Weil, auf sich allein gestellt hätte er wahrscheinlich keine zwei Tage überlebt. So aber hatten wir alle zumindest noch einen schönen Sommer, an den wir immer noch zurückdenken. Von unserem Johannes gibt's in der Gegend dort sogar heute noch eine Postkarte mit unserem Murmel.

Glückliche Heilung

Erzählt von Christian Torp, Felde (bei Kiel)

Es gab in meinem beruflichen Werdegang viele Fälle, über die ich mir immer wieder Gedanken gemacht habe: »Was ist denn da passiert; wie kann das sein?« Durch die mir klar wurde: »Eigentlich sind das Sachen, die gehen gar nicht.« Aber irgendwie gingen sie dann doch. Erlebnisse, die mir bestätigten, dass das, was ich auf der Uni gelernt habe, was ich in der tierärztlichen Ausbildung vermittelt bekam, nur die halbe Wahrheit ist. Darüber hinaus geht viel mehr.

Dazu gehört zum Beispiel die Geschichte von Moritz. Das Besondere an ihr ist, dass ich Moritz als Kind schon kannte. Und zwar hatte ich zu der Zeit Kleinpferde. Hier auf diesem Gelände. Das war damals noch ein Bauernhof. Und ich musste mich halt allein verantwortlich um sie kümmern. Das war die Bedingung dafür gewesen, dass mein Vater mir überhaupt ein Pony kauft. »Du machst alles selber«, hat er gesagt. »Ausmisten, füttern, Tierarzt rufen …« Hab ich gesagt: »Ja, das mach ich.« Und so hab ich erst Sonja gekriegt und später Simona.

Hier im örtlichen Reitverein hatte ich dann einen alten Lehrer, der mir die Grundbegriffe des Reitens beibrachte, und dort war auch ein Nachbarsjunge mit seinem Shetlandpony Moritz. Wir machten Ausritte ins Gelände, und Moritz lief teilweise mit meinen Ponys zusammen hier auf der Hauskoppel. Das ging über

Jahre und hörte auch nicht auf, als wir älter waren. Damals gab's hier in Kiel bereits viele Angebote für Schüler, um Segeln zu lernen; aber für mich waren die Ponys immer wichtiger. Sie waren mein Lebensmittelpunkt als Jugendlicher. Bis ich zum Studium wegging.

Ich hab dann Tiermedizin studiert – und damals gab's ja noch den Paragrafen 22 – was weiß ich für ein Gesetz. Dadurch konnte man sich nach dem Studium verpflichten, Entwicklungsdienst zu machen, und brauchte nicht zur Bundeswehr. Und so kam es, dass ich – obwohl ich zu der Zeit politisch noch eher engstirnig war, im Gegensatz zu den meisten, die so was machten – im Anschluss ans Studium nach Bolivien ging, wo ich in erster Linie sogenannte Tiersanitäter ausbildete. Also Leute, die zwar auch selber Tiere hielten – meist waren das Kleinstbauern; mit einer Kuh, zwei Kühen, drei Kühen –, die aber auch innerhalb ihres näheren Umfelds in die Lage versetzt werden sollten, Krankheiten zu diagnostizieren und dann auch zu behandeln.

Und ich hatte halt vorher auf der Uni Demonstrationen vom Kommunistischen Studentenverband und solchen Organisationen erlebt. Da wurde über den Chile-Putsch berichtet, über Pinochet. Und damals hab ich oft gedacht: »Na ja, das wird ein bisschen übertrieben sein. So schlimm isses wahrscheinlich nicht.« Hab's mir einfach nicht vorstellen können. Wie das halt ist. Du kannst dir das nicht vorstellen!

Aber dann hab ich da drüben einen der vielen Putsche erlebt, die Bolivien in seiner Geschichte durchgemacht hat. Die hatten ja zweihundert Putsche. Und den letzten und blutigsten – das war im Juli 1980 – hab ich miterlebt. Mit allem Drum und Dran. Mit Straßensperren ... Einer unserer Entwicklungshelfer geriet in Gefangenschaft, woraufhin wir versuchten, ihn auf eigene Faust freizukriegen ... Außerdem bekamst du natürlich ständig die Nachrichten. Dass die ganze Opposition liquidiert wurde, verfolgt wurde, auch gefoltert wurde ... Wodurch ich mit einem Mal merkte: »Oh, das ist wirklich so, wie's dargestellt wird. Das ist *wirklich* so grausam.« Ich wurde zum ersten Mal in meinem Leben von meinem eigenen *Erleben* geführt; von meiner *Beobachtung* geführt; von meinem eigenen *Wahrnehmen*. Nicht von diesem üblichen: »Ich informiere mich und jetzt weiß ich Bescheid«, sondern von einer gewissen Achtsamkeit, einem Sich-bewusst-Werden.

Und dadurch wurde das für mich ne ganz prägende Zeit. Ich bekam auf einmal Kontakte zu ganz anderen Begebenheiten. Zum Beispiel habe ich damals auch die Homöopathie kennengelernt – über die Frau eines Entwicklungshelfers, die Homöopathie machte und die auch Karten legte. Ich hab natürlich nichts von solchen Sachen gehalten, ich fand das einfach Blödsinn. Aber auf der anderen Seite war sie so ein ganz normaler Mensch. Sehr zugänglich ...

Und dann gab's mal diese Situation auf dem Flughafen in Cochabamba: Unser Flug hatte Verspätung. Wir saßen zwei Stunden unten in der Hotelhalle. Und da fragt sie mich, ob sie mir die Karten legen soll. Sag ich: »Na ja, kannst' ja machen. Wir haben ja eh nix zu tun.« Und dann hat sie die Karten gelegt und daraus *Sachen* erzählt – wir kannten uns noch nicht lange –, wo ich sagte: »Hä? Das kannst du alles aus diesen Karten lesen?« Sie meinte nur: »Ja, ja.« Ab da fing ich an, mich für diese Dinge zu interessieren, und hab mich ihr gegenüber so ein bisschen geöffnet. Danach hat sie mir auch von Homöopathie erzählt. Und so ging das Ganze los.

Als ich nach fünf Jahren zurückkam, hatte ich das Glück, die Praxis von unserem alten Haustierarzt übernehmen zu können – ne Rinderpraxis in erster Linie –, und das zusätzliche Glück, dass nach kurzer Zeit ne Kollegin mit einstieg, die ich vom Studium kannte. Dadurch kriegte ich die Freiräume, Homöopathie zu lernen. Ich hab dann Kurse belegt, hab meine Zusatzbezeichnung in Homöopathie gemacht. Kurz darauf auch in Akupunktur …

Aber ich bin eben doch ein Kopfmensch. Ich musste mir die Homöopathie richtig erarbeiten und hab dieses *Gefühl* dafür nie bekommen. Dass ich das *spüre*: Was braucht dieser Patient für ein Medikament? In der Akupunktur war das ganz anders. Da merkte ich: Das ist für mich fassbarer. Die Chinesische Medizin ist ja in sich völlig logisch. Und so wurde die Akupunktur mein Ding. Mehr und mehr.

Und dann kam dieser eine Tag – zu ner Zeit, als ich mit der Akupunktur erst angefangen, also noch keine große Ahnung hatte –, da wurde ich zu Moritz gerufen; zu diesem alten Moritz, den ich von ganz früher kannte und von dem ich gar nicht wusste, dass er noch lebte. Offenbar hatte er ne Kolik. Die Anzeichen waren ziemlich klar: Schmerzen hoch drei. Legt sich dauernd hin. Steht wieder auf. Legt sich hin. Ist verkrampft. Legt sich wieder hin. Also, er will diesen Schmerz loswerden. Man versucht in so einem Fall, die Pferde ins Stehen zu kriegen, damit sie sich bewegen; in der Hoffnung, dass sich dadurch was löst. Das ging bei Moritz aber gar nicht, weil er sich immer wieder hingelegt hat.

Also hab ich getan, was man da halt normalerweise tut: starke Schmerzmittel und darmentkrampfende Mittel geben … Wenn das alles nichts hilft, deutet das auf nen Dünndarmverschluss hin und muss operiert werden. Aber weil Moritz damals, ich glaub, vierunddreißig Jahre alt war, hat man gesagt: »Operieren ist nicht mehr. Wenn's nicht anschlägt, muss er eingeschläfert werden.« Das war bei ihm das Naheliegendste. Zumal eine OP auch nicht unbedingt segenbringend sein muss. Man weiß ja, was das bedeutet. Das bedeutet, noch mal ne Stunde Transport. Das bedeutet, dass er operiert wird. Narkose. Die Aufwachphase. Dann muss das wieder heilen … Das ist ja alles mit hohen Risiken verbunden.

Also hab ich ihm diese hochdosierten Schmerzmittel gegeben und hab gesagt: »So, wenn's in zwei Stunden nicht geholfen hat: Ruft an; dann müssen wir ihn erlösen.«

Und es hat eben nicht geholfen. Das heißt, man konnte ziemlich sicher sagen: In dem Fall handelt es sich um eine Dünndarmverschlingung. Deshalb bin ich abends wieder hingefahren – es war schon dunkel, das war im Herbst – und wollte ihn einschläfern. Moritz konnte inzwischen nicht mehr aufstehen. Ich hab also versucht, mit der Taschenlampe die Vene zu finden, auf der linken Seite, fand sie nicht, weil's dunkel war, weil's kalt war – noch dazu hat so'n Shetlandpony ein dickes Fell –, hab oft rumgestochen, noch mal versucht, noch mal versucht. Sag ich: »Nee, geht hier nicht. Ich geh auf die andere Seite.«

Und ich geh rüber und will anfangen: Da steht er auf! Und läuft rum! Und wir kucken: Erste Runde läuft er, zweite Runde läuft er; legt sich nicht mehr hin, verhält sich völlig normal, fängt auch wieder an, Interesse an seiner Umwelt zu zeigen. Er war offensichtlich genesen. Der Dünndarm hatte sich entwirrt.

Wir haben uns natürlich gefreut. Ich hab gesagt: »So kann ich ihn ja nicht einschläfern!« Hab meine Spritze wieder weggetan, die war dann fürn Müll. Aber erklären konnte ich mir das in dem Moment nicht.

Und irgendwann in der Akupunktur-Ausbildung ist mir klar geworden – weil das natürlich ein Fall war, der mir immer wieder durch den Kopf ging: »Moment! Der Punkt, an dem ich da rumgestochert hab, das war der Punkt Magen neun.« Und Magen und Dünndarm gehen ja ineinander über. »Könnte sein, dass die starke Sedierung des Punktes Magen neun diese Heilung bewirkt hat.«

Das wäre ne Erklärung auf Ebene der Chinesischen Medizin. Wenn man so *will*. Denn hundertprozentig kann man so was nie sagen. Heilung ist ja ein total undurchsichtiges Geschehen. Man kann als Arzt nur glücklich sein, wenn einem das möglichst *oft* passiert. Dass man heilt.

Aber ich hab später einige Fälle gehabt, bei denen ich bis heute nicht weiß: Was ist da überhaupt passiert? Die ich mir überhaupt nicht erklären kann. Zwei Erlebnisse mit Gänsen zum Beispiel … Einmal war ich bei einer Familie zur Behandlung des Ponys; auf einmal kommt die Frau und fragt, ob ich auch ne Gans behandeln kann. Hab ich gesagt: »Äh, ich weiß nicht …« – Ja, die lahmt, seit drei Wochen, und ob ich da was tun kann. Sie drückt mir die Gans in den Arm; ich soll da was tun. – Dann hab ich sie abgetastet, ob ich was Gebrochenes fühle oder so. Hab ich nicht. Also hab ich gesagt: »Scheint nichts gebrochen zu sein, aber ich bringe Ihnen morgen ein Pulver vorbei.« Bei Geflügel hab ich früher immer so ein Vitamingemisch gegeben. Das hat oft gut geholfen – bei irgendwelchen Sachen; wenn man nicht wusste, was man machen soll. Aber dann ruft die Frau am nächsten Tag an und sagt: »Ich brauch das Pulver gar nicht mehr. Die Gans läuft wieder, der geht es gut …« Ich sag: »Na, so ein Zufall. Das ist ja Glück.« – »Nee, das haben Sie gemacht.« – Ich sag: »Hören Sie mal auf, liebe Frau …« – »Doch! Ich weiß das ganz genau, denn die hat seit drei Wochen gelahmt und Sie haben die auf dem Arm gehabt und plötzlich lahmt sie nicht mehr.«

Ein Jahr später ruft dieselbe Familie wieder an; wegen einer anderen Gans. Die war verschnupft. Hat sehr schwer geatmet: »Chhhh!« Und immer geschnorchelt. Hab ich gesagt: »Ich behandel ja normalerweise gar keine Gänse. Gehen Sie doch lieber zum Fachtierarzt für Geflügel. In Kiel ist einer.« Dann haben sie dort angerufen. Der war aber auf Ziervögel spezialisiert. Daraufhin sind sie mit der Gans in die Tierklinik Hannover gefahren. Dort wurde ein Abstrich gemacht und Antibiotika gegeben … Hat nichts geholfen. Also riefen sie wieder bei mir in der Praxis an. –

»Ja, ich weiß doch auch nicht.« – »Ja, aber«, sagt meine Sprechstundenhilfe, »die möchten unbedingt kommen.«

Am nächsten Tag kommt die Tochter mit der Gans. Stellt sie bei mir auf den Behandlungstisch. Sag ich: »So, wann ging das denn los?« – »Schon vor ein paar Wochen. Wir waren schon überall, aber es ist nicht besser geworden. Die schnorchelt und schnorchelt.« – »Wann schnorchelt sie denn?« – »Eigentlich immer.« – »Ja«, sag ich, »ist das eher morgens oder mittags oder abends?« – »Ja, wie gesagt, das ist immer. *Durchweg* schnorchelt die.« Da sag ich: »Ja, aber jetzt schnorchelt sie doch nicht.« – Und dann kuckt sie. »Hä? Kann doch gar nicht sein.« – Und da war's weg! Also, ich hab nichts gemacht. Ich hatte die Gans noch nicht mal angefasst ...

Und da gibt's inzwischen ganz viele Fälle. Bei denen ich nichts gemacht hab. Die einfach so wieder wurden. Wo ich sag: »Kann ich nicht erklären«; aber die mir zeigen: Möglich ist alles!

Oder zum Beispiel hatte ich mal – das ist jetzt wieder ne ganz andere Ebene – den Fall einer siebzehnjährigen Kuh, die ins Festliegen kam. Festliegen heißt: Sie steht nicht mehr auf. In der Regel passiert das, nachdem die Kuh gekalbt hat. Und da sagt man eigentlich: Wenn sie innerhalb von drei Tagen nicht hochkommt, kannst du's vergessen. Weil, dann fangen die an, sich durchzuliegen.

Ich kam da also hin. Das war ein Kleinbauer. So wie das früher noch war. Mit acht Kühen. Jede Kuh hatte ihren Namen ... – Hab dann zuerst mal ne Infusion gegeben. Sah auch: Die Kuh ist stoffwechselmäßig fit, sie frisst, hat wache Augen – aber sie steht halt überhaupt nicht auf. Der Bauer wollte sie allerdings auch nicht töten. »Klar«, dachte ich, »siebzehn Jahre; ist ja nix dran an so ner alten Kuh.« Dann hat er – das war im Frühjahr – immer Löwenzahn und Kräuter für sie gepflückt, hat sie umgebettet. Er hatte so eine Art Flaschenzug, mit dem er sie hochziehen konnte, damit sie ins Stehen kam. Da ließ er sie mal ne halbe Stunde drin hängen, erneuerte währenddessen unten das Strohbett, damit sie trocken lag, ließ sie wieder runter. Legte sie mal auf die eine Seite, mal auf die andere. Und ich fuhr jeden Tag vorbei und fragte: »Na, was macht …«, ich weiß nicht mehr, wie sie geheißen hat. – »Tja, die liegt noch. Aber ansonsten: Sie frisst, hat Verdauung … Der geht's so weit ganz gut. Aber sie steht nicht auf.«

Ich hab ihr dann meist Vitamine gegeben; mal ne Infusion. Hab das auch nicht mehr berechnet, sondern den Besuch einfach immer auf meiner Tour mit eingebaut. Und der Bauer hat sie – und das war ne große Kuh! – gepflegt. Ich glaube, sechs Wochen lang haben wir das durchgezogen. Und irgendwann, als er sie mal wieder hochgezogen hatte und wieder runterlassen wollte, blieb sie auf einmal stehen. Von da an wurde es täglich besser. Und im Herbst war diese Kuh – siebzehn Jahre alt! – dann mit der Jungviehherde unterwegs. Du konntest nicht erkennen, dass das ne alte Kuh war! Die hat sich so dermaßen berappelt in dem halben Jahr …!

Das war ein echtes Phänomen. Diese Kuh hatte ja, materiell gesehen, keinen Wert mehr; aber für das Tier war das natürlich schön. Und für den Bauern, der sich diese Mühe gab. Im Endeffekt ging's darum, Zuspruch zu spenden, sich zu kümmern und – ja – um Liebe. Das war das, was geholfen hat. Wenn er sie einfach liegen gelassen hätte – sie hätte sich Nullkommanix durchgelegen. Und dann wäre sie gelähmt gewesen. Die Glieder wären eingeschlafen gewesen. Es wäre nicht mehr gegangen. In Großbetrieben ist das ja die Regel. Ne herumliegende Kuh hemmt dort nur den ganzen Ablauf. Aber wir haben gemerkt: Man kann auch da ganz viel machen. Mit Zuspruch. Mit Liebe. Mit solchen Sachen.

Die Tiere wissen, was sie tun

Erzählt von Karin Müller, Burgwedel (bei Hannover)

Ich hatte von klein auf einen sechsten Sinn dafür, wenn es einem Tier nicht gut ging. Sei es jetzt körperlich oder sei es vielleicht auch seelisch – ob der Hund traurig war oder ob das Meerschweinchen Bauchweh hatte –, und hab dann meine Eltern schon immer genervt; klar, Siebzigerjahre, da war das alles andere als selbstverständlich, dass man sagte: »Wir müssen mit diesem Meerschweinchen zum Tierarzt. Und zwar ganz schnell.« Und in der Tierarztpraxis hat man immer was gefunden. Was für mich völlig normal war. Ich hatte es ja schließlich gespürt.

Aber als ich älter wurde, wurde mir von anderen zunehmend gespiegelt: »Nee, warum weißt du so was? *Woher* weißt du so was? Das ist ja irgendwie komisch.« Deswegen habe ich diese »Fähigkeit«, wenn man so will, lange Zeit gedeckelt und sie erst als junge Erwachsene wieder mehr in mein Leben gelassen; hab mich dann so ein bisschen auf die Suche gemacht und landete um die Jahrtausendwende in Schweden, wo ich zum ersten Mal über den englischen Begriff *Animal communication* stolperte – also Tierkommunikation. Den kannte ich bis dahin nicht; und wollte erst mal nen Artikel darüber schreiben. Ich hatte zwischenzeitlich die Ausbildung zur Redakteurin absolviert, hatte Kulturwissenschaften studiert – und hab dann viel recherchiert, mich dieser sogenannten Gabe auch wissenschaftlich genähert:

Verhaltensforschung, Gehirnforschung, Spiegelneuronen, Quantenphysik und so weiter …

Aus dem Artikel ist letztlich nie was geworden. Stattdessen habe ich angefangen, Bücher zu dem Thema zu schreiben, Kurse zu geben und eben auch mit dieser Fähigkeit zu arbeiten. Hab dann auch noch meinen Heilpraktiker für Psychotherapie gemacht; weil ich durch die Arbeit an den Büchern merkte, dass es für mich nicht darum geht, Tiere zu therapieren. Dafür gibt's bereits Tierheilpraktiker, Tierärzte, Verhaltenspsychologen und so weiter. Diese ganze Schiene, das ist nicht mein Job. Aber ich arbeite gern mit den Menschen. Und ich hab meine Nische darin gefunden, dass Tiere die ihnen zugehörigen Menschen spiegeln. Und zwar auf vielfältigste Art und Weise. Das lässt sich allein schon mal psychologisch erklären, wenn man an die Systemische Therapie denkt, in der es heißt: »Eine Kette reißt am schwächsten Glied.« Wenn etwas nicht stimmt, werden Tiere, genau wie Kinder in einem Familiensystem, zu Symptomträgern. Das heißt, sie entwickeln die Symptome oder Verhaltensauffälligkeiten, die eigentlich ihren Ursprung bei Eltern oder in meinem Fall bei Tierhaltern haben. Wenn also alles andere – das Körperliche – abgeklärt ist und man nix findet, dann komme ich ins Spiel.

Ich hab's zum Beispiel erlebt, dass der Hund einer Familie ständig den Nachbarn angebellt hat. Aber immer nur den. Richtig laut und böse. Und die Familie war total entsetzt: »Wie kann das sein? Das darf er doch nicht.« – Natürlich soll er das nicht. Aber interessant war dann, was dahintersteckte. Im Gespräch stellte sich nämlich heraus, dass die Besitzer den Nachbarn selbst überhaupt nicht leiden konnten; sich allerdings nie getraut hätten, das zuzugeben. Und der Hund hat das für sie ausgelebt – und hat sich sicherlich sehr gewundert, dass er gemaßregelt wurde, weil er ja nur das getan hat, was seine Besitzer unbewusst wollten. In solchen Situationen geht's auch um Kongruenz, also Stimmigkeit. Wenn der Mensch nicht stimmig agiert oder kommuniziert: Der Hund spürt den Widerspruch – und tut letztlich eher das, was der Mensch denkt oder fühlt. Und weniger das, was er sagt.

In dieses Thema kann man sehr tief einsteigen. Es gibt sogar das Phänomen, dass Tiere tatsächlich stellvertretend für ihre Menschen krank werden. Entweder, um ihnen was abzunehmen, oder weil der Mensch sich nicht mit seinen Themen auseinandersetzt. Das hat dann meist etwas mit der Beziehung der beiden zu tun, denke ich. Wenn wir ähnlich schwingen, gehen wir in Resonanz. Das meine ich jetzt nicht esoterisch, sondern rein physikalisch. Das Resonanzphänomen kennt man ja aus der Musik. Wenn zwei Stimmgabeln die gleiche Eigenfrequenz haben und du schlägst nur die eine an, wird die andere trotzdem mitschwingen. Und sie tönt sogar noch weiter, wenn die angeschlagene Gabel gestoppt wird. So was scheint es auch zwischen Lebewesen zu geben.

Therapietiere machen das ja quasi beruflich, wenn man so will: in Resonanz mit uns gehen. Da habe ich schon die bewegendsten Geschichten erlebt. Und das zeigt so schön die positive Seite dieses Empathie- und Einfühlungsvermögens, das die Tiere haben – aber im Grunde auch der Mensch.

Mich hat mal – das ist lange her – eine Reittherapeutin aus der Lüneburger Heide um Rat gebeten. Sibylle Wiemer heißt sie. Daraus ist inzwischen eine wunderbare Freundschaft entstanden; aber damals kannten wir uns noch nicht. Und zwar hatte sie ein Therapiepferd, das schon recht alt war: Leo. Ein Kaltblut-Mix. Dem ging's nicht so gut. Und Sibylle wusste nicht so richtig, wo sie noch ansetzen konnte; was sie – über die normalen tierärztlichen Maßnahmen hinaus – noch für ihn tun konnte. Deshalb bat sie mich, mal in Kontakt mit ihm zu gehen, in ihn reinzuspüren. Ob er sozusagen in Rente gehen will oder ob er noch weiterarbeiten möchte und wie's ihm von der Seele, von der Psyche her geht.

Und das habe ich für sie getan. Man kann sich das so vorstellen, dass ich mich von zu Hause aus auf gedanklicher Ebene in die Gefühlswelt, in die Gedankenwelt der Tiere einklinke. Dazu benutze ich ganz profan Fotos. Ich könnte aber genauso gut vor Ort sein. Das macht keinen Unterschied. *Wenn* man in dieser Richtung ein gewisses Training hat.

Aber am Schluss der Sitzung passierte etwas, was ich so noch überhaupt nicht kannte. Auf einmal – und das klingt jetzt wirklich abgefahren – sprach mich gewissermaßen dieses Pferd an; und sagte: »Komm mal vorbei. Du musst uns besuchen kommen.«

Ich saß an meinem Schreibtisch und dachte: »Nee, das kann ich doch so nicht schreiben, das lass ich weg, wie klingt das denn?« Aber dann habe ich mich doch getraut. Nichts hinzufügen und nichts weglassen ist meine goldene Regel. Also hab ich in der E-Mail an Sibylle erst mal meine Eindrücke zu Leo geschildert und schließlich geschrieben: »Du, ich weiß, das klingt verrückt, aber dein Pferd hat mich zu euch eingeladen!«

Und da antwortete sie: »Ja, klar, komm vorbei, ich möchte dich sowieso mal persönlich kennenlernen.«

Und ich schrieb: »Tja, würde ich gerne, kann ich aber nicht, denn das ist ganz schön weit und ich habe hier einen Säugling.« – »Ja, das macht doch nichts. Den kannst du doch mitbringen.« – »Ja, aber mein Kind hat Probleme!« – »Na und? Der Stall hier ist voll von Kindern, die Probleme haben.«

Und zwar hatten wir da gerade erst die Diagnose, dass meine Tochter wohl das sogenannte KiSS-Syndrom hatte. Sie lag zu der Zeit immer wie so ein kleiner Hering, wie so ein C, auf dem Rücken. In viel zu hoher Körperspannung, permanent. Konnte nicht entspannt, gerade, flach daliegen. Hatte Schwierigkeiten zu trinken, hat sich geweigert, auf dem Bauch zu liegen, hat sich mit Händen und Füßen dagegen gestemmt, schrie auch viel – weil diese Anstrengung natürlich weh tat –, und kam und kam nicht zur Ruhe. – Und ich dachte mir gleich, dass da was am Hals sein muss; weil sie ja so komisch lag. Aber die Kinderärzte erzählten mir alle, dass das einfach nur Blähungen seien, und haben mich mit Mitteln gegen Bauchkrämpfe abgespeist, die alle null brachten.

Auf der Suche nach Hilfe und möglichen Ursachen hat eine Osteopathin aber dann meinen Verdacht bestätigt, dass der Nacken nicht in Ordnung ist. Früher hat man das Schiefhals genannt. Heute gibt es, wie gesagt, die Diagnose KiSS-Syndrom, die aber gern in die alternativmedizinische Ecke abgeschoben wird. Letztlich geht's da einfach darum, dass der erste Nackenwirbel verrutscht ist und Folgeprobleme macht. Und deswegen schrieb ich Sibylle noch mal: »Nee, ich würde dich und Leo wirklich auch gerne kennenlernen, aber meine Kleine hat KiSS und ist total unruhig.« Ich dachte natürlich, dass ihr das nicht viel sagt, aber dann schrieb sie zurück – und das war der Moment, wo ich echt fast vom Schreibtischstuhl gekippt wäre: »Leo *arbeitet* mit KiSS-Kindern. Das ist sein Job. Er arbeitet mit Säuglingen, die genau dieses Problem haben. Und jetzt weiß ich auch« – da kommen mir immer noch die Tränen, wenn ich das erzähle –, »warum er möchte, dass du zu uns auf den Hof kommst. Lass uns mit deiner Tochter arbeiten.«

Ich hab sie dann tatsächlich besucht, hab meine Tochter mitgenommen – die damals gerade mal neun Wochen alt war –, hab sie auf den Rücken von Leo gelegt … Und es war das erste Mal, seit dieses Kind auf der Welt war, dass es ohne zu brüllen eingeschlafen ist. Sie ist auf dem Rücken des Pferdes eingeschlafen. Auf dem Bauch liegend. Hat sich zum ersten Mal wirklich entspannt. Und da hab ich endgültig Rotz und Wasser geheult. Das war *so* schön zu sehen.

Danach machten wir, im Abstand von ein paar Wochen, noch

»Eine ganz große Seele« – Therapiepferd Leo mit dem so nützlichen breiten Hinterteil

drei oder vier weitere Sitzungen – bei denen ich auch mit dem Kind zusammen auf dem Rücken des Pferdes saß und mitkriegte, wie dieser kleine Organismus, dieses Würmchen, sich durch die Bewegungsabläufe des Pferdes immer mehr entspannen konnte. Aber selbst wenn im Stand gearbeitet wurde: Es passierte unheimlich viel. Zum Beispiel hat Leo oft eine ganz starke Hitze entwickelt. Also: Körperwärme. Wobei ich gar nicht weiß: Wie geht das physikalisch? Wie kann ein Wesen selber seine Körpertemperatur erhöhen, angleichen, wie auch immer.

Und noch was: Leo hatte eine sogenannte Spaltkruppe, so ein extrabreites Hinterteil, könnte man sagen, bei dem in der Mitte eine Kuhle war, in der das Kind wunderbar liegen konnte. Schön eingebettet gewissermaßen. Und dann hat er durch die Position seiner Beine diese Spaltkruppe noch zusätzlich verbreitert, sodass das wie ne Art Wiege war. Oder wie eine Kuhle. *Ideal* für das Kind. Und daraufhin hat er seine Atmungsfrequenz verändert, hat anders geatmet und eben diese Körperwärme entwickelt. Das ganze Pferd hat plötzlich diese Hitze abgestrahlt. Besonders in dem Bereich, in dem der Säugling lag. Wir waren zur Therapie in einer Reithalle. Es war Winter. Aber wir alle haben uns die Jacken ausgezogen, weil

Leo so viel Wärme produzierte. Und das Kind beruhigte sich. Man konnte zuschauen! Da geschah etwas zwischen diesen beiden Wesen – ohne Worte, und erst recht, ohne dass ich das in Worte fassen könnte. Zwischen dem Säugling und dem Pferd. Es floss etwas.

Das sind Sachen, die sind – wenn man sie nicht selbst erlebt – auf jeden Fall mysteriös. Aber auch für uns – für mich und Sibylle und die anderen anwesenden Reittherapeutinnen – war das etwas Besonderes. Die Atmosphäre in der Halle hat sich komplett verändert. Der ganze Vorgang hat uns mit Demut und Ehrfurcht erfüllt. Wir waren richtig ergriffen.

Therapiepferde unterscheiden auch offenbar ganz genau zwischen: »Wann hab ich's mit einem Patienten zu tun?« und »Wann bin ich Freizeitpferd?« Oder: »Wann bin ich im Schulunterricht?« Bei Sibylle arbeiten die Pferde ja oft auch im Reitunterricht. Oder sind bei Ausritten dabei. Und dann hast du's vom Temperament her mit nem ganz anderen Tier zu tun. Wenn so ein Therapiepferd hinterher auf die Weide darf, bockt sich das erst mal aus. Wo du denkst: »Huch, da lag gerade noch mein Kind drauf!« Aber die müssen diese Energie ja auch wieder loswerden, einen Ausgleich haben; das ist enorm wichtig. Sogar bei Leo war das der Fall. Ich glaube, wir waren eh seine letzten Patienten. Er ging dann wirklich in Rente.

Und deshalb kam es so, dass wir noch mit einem anderen Pferd arbeiteten. Mit Piko. Das war dann für mich gleich das nächste Phänomen, dass nämlich Piko – der von der Rasse, von der Statur, ganz anders gebaut war und eben *keine* Spaltkruppe hatte, sondern eher eine abschüssige Hüfte – von sich aus versuchte, das zu kompensieren. Und sich genau wie Leo hinstellte. Der stand breitbeinig wie eine Giraffe, wenn sie trinkt. Versuchte also offenbar irgendwie, diese Kuhle zu erzeugen. Sodass da auch wieder das Kind liegen konnte. Und fing genauso wie Leo an, anders zu atmen und Hitze zu produzieren. Und zwar nicht etwa deswegen, weil er sich das abgekuckt hätte. Piko war zur Zeit der Therapie mit Leo überhaupt nicht mit in der Halle gewesen.

Und so wurde die Reittherapie, die Pferdetherapie, für uns der Wendepunkt in der ganzen Geschichte. Wir haben natürlich noch mehr angeschoben; wir sind bis nach München ins Kinderzentrum gefahren und haben eine spezielle reflektorische Gymnastik gelernt … Aber der Durchbruch, das war Leo. KiSS-Kinder leiden ja oft unter Entwicklungsstörungen. Das heißt, dass sie ohne Therapie nicht lernen zu krabbeln und dadurch auch noch weitreichendere Probleme haben. Zur Behandlung all dieser Dinge ist das Pferd ein wichtiger Schlüssel. Denn durch seine Bewegungsabläufe – über diesen Viergang, über diesen Viertakt – wird das Gehirn des Kindes angeregt, sich daran zu erinnern, wie das eigentlich funktioniert; wie man sich so bewegt. Und darüber kann das Kind auch Entwicklungsdefizite wieder aufholen, fängt an zu krabbeln, kann sich entspannen …

Uns hat das wirklich gerettet. Ich weiß nicht, was sonst geworden wäre. Meine Tochter ist zu einer ganz normalen, feinmotorisch und geistig sehr begabten jungen Frau herangewachsen. Was man nach den ersten Arztberichten kaum für möglich gehalten hätte. Das hätte alles auch *ganz anders* ausgehen können. Dieses Pferd Leo, dem haben wir unheimlich viel zu verdanken. Der war eine ganz große Seele.

Interessanterweise sind auch meine eigenen Tiere immer als Co-Therapeuten unterwegs gewesen. Ich bin ja, wie gesagt, auch Heilpraktikerin für Psychotherapie; für Menschen. Das ist weit in den Hintergrund getreten, weil ich über meine Bücher so viel zu tun habe. Aber in der Zeit, in der ich noch mehr mit einzelnen Menschen arbeitete, kam von meinen Tieren jedes Mal, wenn ich mit jemandem im Therapiegespräch war, direkt eine Reaktion: Manchmal noch *bevor* Tränen flossen, war entweder die Katze da und legte sich dem Menschen auf den Schoß oder der Hund kam und leckte ihm über die Hand …

Die Tiere haben durch ihr Verhalten auch immer wieder die *unausgesprochenen* Emotionen im Raum quasi sichtbar gemacht. Und wenn sie aufstanden und den Raum verließen, wusste ich: »Jetzt ist das Thema erledigt. Jetzt ist' gut. Wir können die Sitzung beenden.« Das hat mir der Mensch auch jeweils bestätigt. Aber Hund oder Katze wussten es früher. Die erkannten das jeweils schon zwei, drei, vier Minuten schneller als wir Menschen.

Oder auch Christian Torp*: Wenn der hier bei uns ab und zu Menschen behandelte, kam immer meine alte Katze Betty dazu, sprang auf die Liege und legte sich bei den Patienten – das heißt bei denen, die das erlaubt haben – an die Körperstellen, an denen sie offenbar ein Problem hatten. Und lag dann auf dem Bauch oder auf dem Brustkorb oder irgendwie quer über der Schulter. Und das oftmals, während Christian noch mit der Befragung beschäftigt war. Wie so ne ungeduldige Koryphäe, die sagt: »Ihr könnt hier lange reden, aber *hier* tut's weh. Hier ist der Punkt. Da musst du ansetzen.« Und: Die Katze hatte immer recht.

Das kennt natürlich in einem gewissen Rahmen jeder Tierbesitzer: Wenn es Herrchen oder Frauchen schlecht geht, kommt der Hund oder die Katze und legt sich auf den Schoß oder auf den Bauch. Aber ich habe es sehr, sehr oft erlebt, dass meine Tiere von sich aus auf Menschen zugingen, die ihnen vollkommen fremd waren, und zwar – wenn das zum Beispiel im Kurszusammenhang war, wenn das quasi ne Gruppensitzung war – genau auf diejenigen, die ein Problem hatten oder denen es guttat, unterstützt zu werden.

Meine jetzige Hündin, die Terra, das ist eigentlich ne wirklich wilde Hummel, die wiegt sechsundzwanzig Kilo; ist also ziemlich

* siehe »Glückliche Heilung«, S. 94

schwer. Und diese unruhige Sechsundzwanzig-Kilo-Hündin hat sich mal an einem Abend während einer Gruppensitzung bei einer Teilnehmerin quer über den Bauch gelegt. Und da ist sie geblieben. Unbeweglich. Das war dann wirklich so: einmal rum; quer rüber. – Und die Teilnehmerin hat den ganzen Abend kaum etwas gesagt. Auch ganz untypisch für sie. Das kannte ich so gar nicht. Hab natürlich gefragt: »Hm, soll ich den Hund da wegholen? Ist Terra dir zu schwer?« – »Nein, nein, ist okay.« Und am Ende des Abends, als die anderen schon gegangen waren, hat sie mir erzählt, was los war. Sie sagte: »Ich war schwanger und hab vor ner Woche mein Kind verloren.« – Ich fragte: »Und wie geht's dir *jetzt?*« – »Ja«, sagte sie, »ich war echt am Überlegen, ob ich es schaffe, in der Gruppe zu sein; ob ich es überhaupt schaffe, zu dir zu kommen, aber jetzt bin ich froh, dass ich's gemacht habe. Es ging mir sehr schlecht. Aber mithilfe von Terra hab ich meinen Frieden gefunden. Es geht mir viel besser.« Das hat mich sehr berührt.

Und deshalb: Ich kann vielleicht nicht alles erklären; ich kann nicht alles belegen im Sinn von beweisen, aber ich beobachte oft solche Dinge. Und aus dieser Beobachtung heraus bin ich überzeugt, dass die Tiere wissen, was sie tun. Das sagen mir auch alle Menschen, die gezielt tiergestützte Therapie anbieten. Die sagen: »Wir bringen den Tieren eigentlich nichts bei. Wir bringen denen vielleicht ein paar Knigge-Regeln bei, wie man mit Menschen umgeht. Aber die Therapiearbeit, *wie* und *was* sie genau tun, das machen die Tiere von ganz alleine.«

In der Pferdetherapie zum Beispiel wissen wir oft gar nicht, warum ein Pferd plötzlich der Meinung ist, es müsste stehenbleiben oder die Laufrichtung oder das Tempo ändern. Das entscheidet das Pferd. Und das Pferd weiß, wieso. Und wir Menschen wundern uns und staunen. Denn das Ergebnis stimmt. Unsere Tiere sind die wahren Therapeuten. Wir Menschen wissen so wenig.

Federfüße

Erzählt von Paula Frei (9 Jahre), Honsolgen / Ostallgäu

Als wir den Franzi gekauft haben, war ich zum ersten Mal in diesem Kleintierzüchtermarkt, glaube ich. Das war unter einem Restaurant. Wie in so ner Garage. Wie in ner großen Tiefgarage. Ein eher kühler Raum. Da sind ganz viele Gestelle, auf denen Käfige drauf sind. Und da sind Hühner drin, Hasen, Tauben, sogar Pfaue oder so was. Enten, Wellensittiche … Alles eher kleine Tiere.

Und in einem dieser Käfige war Franzi. Ich hab zuerst gedacht, dass er ne Henne ist, weil er so klein war. Der Besitzer hat ihn aus dem Käfig rausgenommen und ich durfte ihn streicheln und dann auch selber halten. Und irgendwann hat der Besitzer gesagt, dass das ein Gockel ist.

Eigentlich wollten wir Hühner, keinen Gockel, weil die halt normalerweise zu gefährlich sind und auch zu wild und bös. Deswegen hat Mama gesagt: »Nee, den nehmen wir nicht. Wir schauen noch weiter.« Aber dann wollte ich unbedingt wieder zurück, weil er halt so süß war. Der Besitzer wollte ihn uns schon schenken. Der hatte daheim nämlich *zwei* Gockel. Und die haben immer gestritten. Einer, der war eher der Chef, weil er ein bisschen größer war. Franzi hatte halt nicht viel zu sagen. Und deswegen hatte er es da nicht so gut.

Dann hat der Besitzer gesagt, dass er auch noch zwei andere

Zwerghühner hat. Zwei graue. Die waren noch unter dem Käfig in nem Karton drin. Die wollte er uns mit dazu schenken. Und ich bin halt die ganze Zeit am Boden gesessen und hab den Franzi gestreichelt. Er war schon fast eingeschlafen in meinem Arm; hat den Kopf hängen lassen und die Augen zugemacht … Und deswegen hat Mama gesagt, dass das anscheinend ein besonderer Hahn ist.

Bloß, wir waren daheim noch nicht richtig vorbereitet. Wir hatten davor schon Hennen und wollten erst den Stall saubermachen. Ein paar Tage später haben wir Franzi dann abgeholt – zusammen mit zwei Hennen. Und dann hab ich daheim noch ganz fest mit ihm gekuschelt, sag ich jetzt mal. Was man mit einem Gockel ja eigentlich gar nicht kann. Aber ich hatte auch unsere Hennen schon immer gezähmt. Einfach in den Arm genommen und gestreichelt. Irgendwann gewöhnen sie sich dran.

Jedenfalls haben wir dann noch andere Hennen dazugekauft. Die Zwerghennen legen ja bloß fünf oder zehn Eier im Jahr. Die sind eher zur Deko da; vor allem die grauen. Deswegen haben wir noch große gekauft. Ein bissel Angst haben wir natürlich schon gehabt, dass Franzi sie nicht mag oder dass sie ihm zu groß sind. Aber wir haben's einfach mal probiert. Und es hat auch gut geklappt.

Dann hab ich angefangen, ganz viele Sachen mit ihm zu machen. Zum Beispiel, wenn ich im Garten beim Schaukeln war, hab ich ihn immer auf dem Schoß gehabt und hab ihm dabei Lieder vorgesungen. Manchmal selber ausgedachte. Manchmal Lieder, die ich einfach kenn. Manchmal auch bloß »Alle meine Entchen« oder so. Das fand er, glaub ich, schön – aber auch ein bisschen langweilig. Er ist nämlich immer eingeschlafen.

Manchmal hab ich ihn auch in den Fahrradkorb gesetzt und bin mit ihm rumgefahren. Oder ich hab ihn auf dem Kopf rumgetragen oder auf der Schulter. Mama und Oma, Opa haben natürlich immer gesagt, ich soll mit dem Gesicht nicht so nah zu ihm hingehen, weil sie Angst hatten, dass er mir doch mal ins Auge pickt. Weil, wenn etwas glitzert, Mamas Ring oder so, fängt er manchmal an zu picken. Aber bei mir hatte ich eigentlich nie Angst. Ich hab generell keine Angst vor Tieren.

Die andern in meiner Familie kennen die einzelnen Hennen, wenn sie gleichfarbig sind, auch nicht auseinander. Aber ich denk mir immer: »Die sind doch ganz verschieden! Wie kann man die nicht auseinanderkennen?« Ich kenn eigentlich *alle* Hennen auseinander. Sogar die beiden grauen: Die haben unterschiedliche Federn und sind sich auch im Gesicht überhaupt nicht ähnlich. Oder: Eine Henne ist ein bisschen dicker und eine dünner.

Mittlerweile tu ich auch mit den Hennen öfters mal schaukeln oder ich nehm meinen Puppenwagen – den brauch ich jetzt nicht mehr – und fahr mit ihnen im Dorf rum. Eine hab ich sogar so hergezähmt – die wollte sich nicht mehr in den Kinderwagen setzen; aber wie ich dann mal mit jemandem einen Spaziergang gemacht habe, ist sie wie ein Hund mit uns mitgelaufen.

Das mit dem Zähmen klappt aber nicht immer. Zum Beispiel bei den letzten Hennen von uns. Bei denen, wo jetzt der Fuchs da war; da hat der Fuchs drei geholt. Wir haben jetzt so eine elektrische Hühnerklappe. Da kann man die Zeit einstellen und dann fährt sie automatisch zu. Und Franzi und seine Schwestern und zwei braune Legehennen waren schon drin. Und drei schwarze waren halt *nicht* drin. Die waren zu spät dran und konnten nimmer rein. Und dann ist der Fuchs gekommen, ins Dorf rein, und hat die mitgenommen. Das war schon traurig.

Dann waren zuerst noch zwei braune Legehennen übrig. Aber eine lag ein paar Tage später tot im Auslauf. Wegen Herzinfarkt. Deswegen haben wir noch andere gekauft. Zuerst zwei schwarze.

Das waren auch kleinere. Und inzwischen haben wir noch zwei andere braune. Große. Und das sind jetzt die, die Franzi am liebsten mag. Auch lieber als seine Schwestern.

Es ist ja so – Hühner machen sozusagen ne Treppe, wer auf welcher Stufe steht. Wer der Chef ist. Wer am meisten zu sagen hat. Am meisten hat natürlich der Gockel zu sagen. Und dann kommen die Hennen untereinander. Wenn der Gockel dann was findet, einen Regenwurm oder so, gackert er ganz aufgeregt; ich glaube, das heißt: »Kommt mal her, ich hab was gefunden«, oder irgendwie so. Dann kommen alle und wollen den Wurm. Aber kriegen tut ihn meistens die, die auf der höchsten Treppenstufe steht. Also gleich unterm Hahn. Bei uns ist das eine, die heißt Lotti. Das ist die von den braunen, die überlebt hat; die nicht der Fuchs geholt hat und die auch keinen Herzinfarkt oder irgendwas gehabt hat. Und wenn dann zum Beispiel seine Schwestern kommen, ist es oft so, dass Franzi sie wieder wegscheucht und nur die großen fressen lässt. Eigentlich auch ein bisschen seltsam. Er macht nen Unterschied zwischen Hennen, die Eier legen, und Hennen, die keine Eier legen. Zuerst kommt die Lotti. Weil die am meisten Eier legt. Deswegen ist sie für ihn am meisten wert. Dann kommen die anderen großen. Und seine Schwestern kommen zum Schluss. Nur er selber braucht nix. Oder sagen wir so: Er gibt immer seinen Mädchen zuerst.

Auch wenn neue Hennen kommen – bei den schwarzen haben wir's jetzt so gemacht: Die haben wir *zuerst* in den Auslauf reingetan; damit sie sich alles anschauen können. Und danach haben wir den Hahn dazu gesetzt. Und er hat ihnen noch mal gezeigt, wo alles ist. – Erst danach haben wir die alten reingelassen. Die gehen dann natürlich auf die neuen los. Eine von unseren Hennen – immer wenn sie sieht, dass neue dazukommen, läuft sie schon gackernd am Zaun rum und beschwert sich: »Schon wieder neue

Hennen!«, und »ich mag die nicht!« Irgendwie so halt. Aber wenn dann alle zusammen sind, verteidigt der Franzi die neuen auch ein bissel, damit's nicht zu schlimm wird für sie. Dadurch wissen die alten, dass sie den neuen nichts tun sollen, sondern dass die jetzt auch zur Familie gehören.

Oder auch: Normalerweise, wenn sie gut drauf sind, muss man mit ihnen fast ein bissel Fangen spielen, damit man sie überhaupt erwischt zum Streicheln. Aber wenn eine krank ist oder schwach – jetzt hatten wir zwei, die waren schon eher *richtig* krank; eine, die hatte Krebs, und die andere, die war einfach schon alt. Dann sitzen sie meistens alleine rum und schlafen. Und die anderen merken das! Die lassen sie dann in Ruhe. Und irgendwann, wenn's dann schon ganz arg ist, hocken sie sich ins Legenest und schlafen ein und sterben im Schlaf.

Und ich denk, das wird auch bei Franzi passieren. Er ist zwar noch ziemlich fit, bloß, er ist mittlerweile auch ziemlich alt. Ich glaube nicht, dass wir ihn noch lang haben. Aber vielleicht ist es dann wie mit dieser einen Henne von uns. Die hieß Gloria. Das war auch ne Zwerghenne; so ne weiße, mit Federn an den Füßen, wie Franzi. Die hab ich auch immer viel gestreichelt. Und irgendwie hab ich das Gefühl, dass sie immer noch da ist und auf mich aufpasst.

Freundschaft, die ich meine

Erzählt von Walter Bayer, Basel

Ich war noch in der Schule. Das muss 1943/1944 gewesen sein. Da war ich acht, neun Jahre alt. Und ich wollte – das war mein großer Wunsch – immer in den Zoo. Nur waren wir nicht so reich. Wir konnten uns das nicht leisten, denn mein Vater war in Meersburg in der Taubstummenanstalt gewesen. Aber ich wollte nie einen anderen Vater haben. Er war ein ganz toller Kerl. Es war auch lustig mit ihm. Er hat eine besondere Art gehabt, mit Kindern umzugehen.

Also musste ich mir überlegen, wie ich ohne zu zahlen in den Zoo komme. Gewohnt haben wir am Totentanz. Das ist am Rhein. Und ich wusste, dass es in der Johanniterbrücke, oben drin, sehr viele Tauben gab – und fand nen Weg, wie ich unter die Brücke kommen und dort welche fangen konnte. Mit denen ging ich dann in den Zoo: »Ich hab die gefunden. Haben Sie Verwendung …?« – »Ja, ja«, ich könne nach hinten gehen. Ich wusste ja schon, wo die Metzgerei war. Das ging etwa alle vierzehn Tage so.

Später hab ich mir was Neues ausgedacht: »Ich züchte weiße Mäuse.« Das hat ziemlich gut geklappt. Ich hab dafür sogar ein Diplom bekommen, vom alten Wendnagel, dem Zoodirektor von ganz früher. Ein großes Bild mit Flamingos und darunter ein Dankeschön für hundert weiße Mäuse. Das war gut. Ich durfte dann immer kostenlos in den Zoo hinein.

Nachher kam die Zeit, in der ich eigentlich etwas lernen sollte. Ich ging in die Grafik. In die grafische Anstalt. Hab eine Lehre angefangen. Aber es ging da nicht wie erhofft. Und wie's der Zufall so wollte: Mein Chef musste immer wieder Sachen für den Zoo machen. Ich musste dort viel hinbringen. Und darüber und über einen Freund, der damals schon Elefantenwärter war, kam ich dem Ganzen wieder näher. Und Professor Lang, der inzwischen Direktor war, hat auch noch geholfen. Hat gesagt, ich könne dort arbeiten. Allerdings zum Mindestlohn. Zu der Zeit war ich schon verheiratet, deshalb war das nicht ideal, aber ich wollte einfach die Gelegenheit nutzen. Hab dann auch auswärts gearbeitet, drin und draußen, hin und her. Und dadurch hat Professor Lang nach einiger Zeit gesagt: »Also gut, wir stellen Sie fest ein.«

Und so war ich also drin. Wobei man als Pfleger erst mal jeden Dienst lernt. Und währenddessen merkt man schon, wo etwas stimmt für einen. Zunächst war ich im Antilopenhaus. Dann kamen die Büffel dran. Und schließlich das Aquarium ... Es kam eins nach dem anderen. Irgendwann auch die Affen. Die Kleinaffen und endlich die Menschenaffen.

Damals war Carl Stemmler noch Chefpfleger und die Menschenaffen waren noch im Vogelhaus untergebracht; auf der einen Seite Gorillas und auf der anderen Seite Orangs. Und Schimpansen waren auch noch irgendwo nebendran. Aber als ich anfing, ging da überall schon seit Jahren niemand mehr hinein in den Käfig. Auch der Stemmler nicht mehr. Weil's zu gefährlich war. Zum Glück hatte ich ein gewisses Feeling. Ich konnte die einzelnen *Charaktere* verstehen. Zum Beispiel: Nachdem mein Vater ja taub war, konnte ich Taubstummensprache. Ich konnte vom Mund ablesen. Darum hab ich, als einmal ein neuer Orang zu uns kam, sofort gesehen: »Der ist taub. Der reagiert nicht auf Töne.« – »Nein, das ist nicht der Fall«, hieß es. Er war aber wirklich taub. Er war einer der Versuchs-Orangs aus Amerika, wo man mit Menschenaffen alle möglichen Sprachexperimente gemacht hatte. Schlimme Sachen wurden da angestellt.

Trotz allem hat es ne Zeit lang gedauert, bis ich zu ihnen reinging. Bis ich – durchs Gitter – die ersten Freundschaften aufgebaut hatte. Irgendwann hab ich mir gesagt: »So, Burschi, jetzt geh rein.« Und dann bin ich gegangen. Ich weiß noch: Die Achilla – ein erwachsener weiblicher Gorilla – war total überrascht; war aber sehr freundlich zu mir; hat mich befühlt, hat mich beschnuppert …

Oder was auch noch interessant war: Einmal war ich wieder bei Achilla im Käfig und hab mir gedacht: »Ja nun, ich hol nen Tisch und Stühle; dann können wir uns setzen«; hab den Tisch relativ weit vorne beim Gitter hingestellt, Stühle dazu … Auf einmal steht Achilla auf, nimmt den Tisch, stellt ihn in die Mitte, nimmt den Stuhl, setzt sich drauf … Was ich nicht wusste: Carl Stemmler hatte – Jahre zuvor, als sie noch kleiner war – auch immer einen Tisch drin gehabt, mit zwei Stühlen. Und hat dann in der Mitte gefüttert. Das wusste sie noch. Und hat mir sofort alles umgestellt. Dachte ich: »Probierst du es das nächste Mal wieder.« Und tatsächlich: Es hat ihr nicht gepasst, dass sie vorne sitzen sollte. Also hab ich gesagt: »Ja, okay, machen wir's halt hier.« Aber ich bin auch ohne irgendwelche Dinge in den Käfig rein. Ohne Tisch und Stuhl. Das ging. Sie hat mich umarmt … Ich hab's gut gehabt mit ihr.

Aber die Charaktere sind natürlich unterschiedlich; sehr sogar. Goma zum Beispiel war von Hand aufgezogen. Sie war überhaupt der erste Gorilla in Europa, der im Zoo geboren worden war. War so richtig mit dem Schoppen* hochgezogen und von unserem

* schweizerisch für: Milchflasche für Babys

Chef verwöhnt worden. Und eigentlich war ich auch mit ihr gut Freund. Nur hatte sie eine Spezialität: Wenn die anderen Leute – das heißt: die anderen Gorillas; ich sag oft aus Versehen »Leute«, aber das sind alles *Gorillas* – wenn die richtig Rabatz miteinander machten und einer aus diesem Knäuel den Fuß raushielt, kam Goma und biss ihm da schnell rein. Für mich war das Feigheit. Das hatte sie sich bei den Menschen abgeschaut. So ein: »Ich hab zwar nichts damit zu tun, aber ich beiß dem schnell mal in den Fuß.«

Normalerweise sind Tiere ja sehr geradeheraus. Zum Beispiel der Stefi. Das war unser großer Silberrücken. Wenn der so richtig verärgert war, hat er seine Hand nach hinten gepackt und reingeschissen. Und plötzlich – tschong! – schmiss er den Dreck raus. Da musstest du aufpassen. Und der hatte eine Präzision!

Eines Tages kam Professor Lang zu mir und sagte: »Wir haben hohen Besuch. Bundespräsident Heuss.« Wobei ich mich nicht mehr erinnern kann, ob er »Alt-Bundespräsident« gesagt hat oder ob Heuss noch im Amt war. Es war einfach ein berühmter Besuch. Und Stefi war gerade im Außenkäfig. »Ja«, sagt der Lang, ob er mit dem Besuch einmal zwischen Publikum und dem Stefi durchlaufen könne und wieder zurück. Es gab da einen Gang für die Wärter: auf der einen Seite, zum Publikum hin, mit Glasscheibe und auf der anderen Seite, zum Stefi hin, mit Gitterstäben.

Ich hab gesagt: »Wir müssen aufpassen. Der Stefi macht solche Dinge. Das macht ihm wahrscheinlich Spaß. Aber für uns ist es nicht so spaßig.« – »Ja, ja«, hat der Lang gesagt, »ich passe schon auf.« Also hab ich ihn machen lassen. Hab den Stefi beobachtet. Und merkte dann schon: Er hat was vor. Hab gerufen: »Aufpassen! Jetzt wird's gefährlich. Er schmeißt!« Lang fragt: »Was?« Und in dem Moment holt Stefi aus. Lang schiebt Heuss gerade noch auf die Seite und bekommt die Scheiße selber an den Kopf.

So etwas Ähnliches hab ich mit ihm noch mal erlebt. Allerdings im Innenkäfig. Und zwar war das beim Pepe. Stefi, das war ja der große Silberrücken. Und dann kam Pepe dazu. Der wurde später auch ein Silberrücken. Aber damals war er einfach ein Lausbub. Lang kam rein. Mit Krawatte. Ich sag: »Vorsicht, der Pepe geht auf Krawatten los.« Lang geht zu den Eisenstäben hin – und da war's für Pepe natürlich ein Leichtes, ihn zu schnappen. Und Lang: »Helfen Sie mir! Schnell!« Pepe hat dermaßen an der Krawatte gezogen! Lang wurde schon langsam blau im Gesicht. Ich hatte zu tun, dass Pepe losließ. Gorillas haben ja unglaubliche Kraft.

Einmal ging so eine Situation leider nicht mehr glimpflich ab. Und zwar war der Stemmler, unser Chefpfleger, damals gerade pensioniert worden und wollte mit einer Seniorengruppe in den Zoo, seine Affen vorführen. Und da gab's eben den Nico, den großen Orang-Mann. Das war ein Riese. Zweihundert Kilo! Dazu hatte er einen Riesen-Kehlsack. Mit dem konnte er – bohhhh! – unglaublich tiefe Geräusche machen! Und solche Backenwülste! Also, ein Riesending war das; der Nico. Zu dem ging damals erst recht niemand mehr hinein. Ich genauso wenig. Auch wenn ich mit ihm am Gitter flattieren* und alles machen konnte. Und Stemmler hatte halt früher zu ihm hineingehen können. Ich sag: »Carli, du musst aufpassen. Der Nico hat mit dir noch eine Rechnung offen.« – »Nein. Kannst denken!**« Und dort war's auch wieder so: Man konnte zwischen Scheibe und Gitter durchgehen. Nur durftest du natürlich nicht ans Gitter ran. Die Orangs konnten da zwar kaum durchfassen. Aber sie sind ja schnell – und auch schlau. Jetzt nur mal als Beispiel: Mit was sie gern spielen, das sind Säcke. Die stülpen sie sich über den Kopf. Oder setzen sich rein. Oder zerreißen sie in Streifen. Und so einen Streifen kann man gut zwi-

* schweizerisch: schöntun

** schweizerisch: ach Quatsch!

schen dem Gitter durchschupfen; kann dann mit der Hand, die man ganz knapp hinausbringt, den Streifen halten und versuchen, damit zu schwingen, bis er gegenüber auf einem Philodendron oder einer anderen Pflanze landet. Und kann dann, ganz vorsichtig, dran ziehen – bis man die Pflanze drin hat und fressen kann. Das ist also sowohl Überlegungssache als auch Werkzeuggebrauch.

Und beim Stemmler war's so: Er wollte halt mit Nico spielen und flattieren. Und Nico hatte zwar große Hände. Wirklich große Hände. Bei ihm gingen nur zwei Finger durch die Gitterstäbe. Aber er hatte Kraft für zehn Elefanten. War fast schon verrückt stark. Und, wie gesagt, sehr schnell. Er hat ihn am Daumen gepackt und ihm den ganzen Daumen abgerissen. Mit der Daumenwurzel. Nicht gebissen – abgerissen! Herausgerissen, mit einem Stück Sehne. Ich hab sofort mit einem Stück Schnur, das ich hatte, abgebunden, und Stemmler kam ins Spital. – Aber ich hatte mit Nico noch zwei Stunden das größte Theater, bis er mir den Daumen gegeben hat. Er hat ihn immer genommen und sich die Sehnen über die Schulter geschmissen. Immer gespielt damit. Erst für eine große Rübe konnte ich den Daumen eintauschen. Aber es hat nicht mehr gereicht. Der Daumen war nicht mehr zu retten.

Ich selber bin zum Glück nur ein einziges Mal wirklich gebissen worden. Und das war im Affekt. Ausgerechnet von Achilla, die mir sogar ihr Junges gegeben hat. – Aber dann ist Folgendes passiert: Das Junge hat immer bei ihr getrunken, aber nach einer Zeit wollte sie es nicht mehr an die Brust lassen. Hab ich gedacht: »Was ist los?« Hab dann allerdings gemerkt: Sie hat einen Knoten in der Brust. Das heißt, ich hab's gespürt, als sie mich umarmt hat. Also hab ich dem Professor Lang Bescheid gesagt und wir haben sie betäubt und ihr die Brust ausgepumpt. Sie hatte einfach einen Milchstau. – Am anderen Tag bin ich wieder zu ihr rein. Und das war *nicht* gut. Als ich reinkam, stand sie auf, kam zu mir und umarmte mich. Weil sie das immer machte. Aber diesmal – grrr! – wurde sie wild; weil ihr die Brust wehtat. Dann versuchte sie zuerst, mich am Unterarm zu beißen – war ihr zu hart –, dann bei der Armbeuge, und zum Schluss hat sie meinen Oberarm regelrecht durchgebissen. Ich hatte natürlich einen Schock. Es hat nicht geblutet. Keine Schmerzen. Nix. Aber ich hab gesagt: »So, Mädchen, ich geh raus. Da ist etwas schief.« Hab zugemacht. Bin raus. Ruf Professor Lang an: »Achilla hat mich gebissen.« Und in dem Moment, als ich das sag, fing's an zu bluten. Und dass durchgebissen war, weiß ich, weil der Arzt mit dem Spachtel auf der einen Seite reinging – und auf der anderen kam er wieder raus.

Die Freundschaft mit Achilla hat das trotzdem nicht getrübt. Letztlich können sich Freundschaften auch nur so entwickeln: wenn man bei ihnen drin ist, wenn man mit ihnen zusammen ist. Eine Zeit lang hatte ich, immer wenn ich bei ihr war, den einen oder anderen Zoologen vor dem Käfig sitzen. Die hockten da und schrieben. Auf die Art erfährt man vielleicht, was ein Tier *tut*. Seinen Charakter lernt man so nicht kennen. Das funktioniert nur, wenn man auf Du ist. Ein Wissenschaftler kommt dem Tier in der Regel nicht mal so nah, dass er weiß, wie es riecht und so etwas. Gorillas zum Beispiel riechen gut. Für mich zumindest. So etwas spielt ja auch eine große Rolle.

Und trotzdem wird man als Mensch – wenn man bei ihnen drin ist – immer wieder erleben, dass sie nicht mal versuchen, einen in ihr Leben einzubeziehen. Du bist bei ihren Spielen nicht erwünscht. Weil du anders bist. Deswegen kommst du auch nie in den Clan hinein. Das geht nicht. Du kannst nie in ihre Welt eintreten. Du bist immer außenstehend.

Aber auf eine Art bin ich sogar froh, dass sie mich nicht einbezogen haben. Ich hätte da sowieso nicht mithalten können. Denn erstens: Menschenaffen sind einfach zu stark. Und zweitens: Sogar ein nett gemeinter Biss macht beim Menschen Löcher. Vor allem die Gorillas spielen schon sehr rau miteinander. Eigentlich sind sie auch gute Mechaniker. Sie arbeiten ja mit Ästen, benützen gewisse Sachen … Aber von ihrem Charakter her sind sie eher Rabauken.

Stefi, der große Mann, war besonders *rough*. Den ließen wir damals gar nicht mehr zu den anderen. Das war einfach ein zweihundertdreißig Kilo schwerer Affe. Mit einer gewissen Wildheit, die ich durchaus zu schätzen wusste. Aber in der Gruppe war er oft grob geworden. Mit ihm gab's einmal eine Situation – im selben Außengehege, in dem er mit Scheißdreck geworfen hatte. Das war teilweise überdacht und die Decke bestand aus einbetonierten Glasbausteinen. Die waren armdick. Und er hat einen dieser Bausteine – Boing! – oben rausgehauen. Mit *einem* Schlag!

Aus solchen Gründen hatte ich, wenn ich zu den anderen reinging, immer einen Schlüssel dabei. Meinen Spezialschlüssel für die Dreikantschlösser. Und wenn sie ganz arg wild wurden, hab ich den Schlüssel in die Hand genommen; damit ich auch mal eine Kopfnuss geben konnte, wenn's zu viel wurde.

Ansonsten hab ich halt versucht, meine eigene Art von Spiel mit ihnen zu spielen. Meine Brille haben sich praktisch *alle* aufgesetzt. Als Plausch*. Oder zum Beispiel habe ich mich oft zu ihnen reingesetzt. Und weil das Publikum ja was sehen wollte, saßen wir teilweise zu fünft oder sogar zu sechst oben auf einem langen Podest. Mit Jambo habe ich Äpfel geteilt. Manchmal hat er den Apfel in den Mund genommen und dann mir hingestreckt. Damit ich auch einen Biss habe. Das war schön! Ich hab allerdings – wenn wir auf dem Podest saßen – von ihnen verlangt, dass sie ihre Zehen halten. Also: Ein Fuß hält den großen Zeh des ande-

* schweizerisch: Spaß

ren. In dieser Position konnten sie wenigstens keinen Schabernack treiben. Das haben sie ganz brav gemacht. Immer den großen Zeh gehalten. Und ich hab's ihnen gleichgetan und meine Beine verschränkt. Das haben wir jeden Tag gemacht; und sind zufrieden gewesen miteinander. Die Leute – also die Gorillas – hatten den Plausch daran, dass einer sich mit ihnen beschäftigt. Goma zum Beispiel. Ich wollte, dass sie tanzt. Und es war ihr eine Freude, dass sie das machen durfte. Und die Leute draußen haben geklatscht …

Und das alles ist genau das, was ich mit Freundschaft meine. Man freut sich, wenn man zusammenkommt. Man plagt sich nicht gegenseitig. Sondern respektiert sich. Ich bin jetzt seit zwei Wochen in meinem sechsundachtzigsten Lebensjahr. Aber ich würde auch heute noch zu ihnen reingehen; was man ja leider nicht mehr darf. Für mich ist das wunderschön gewesen. Natürlich müsste ich sie zuerst kennenlernen. Ich kenne sie ja nicht mehr. Sie sind alle gestorben. Pablo zum Beispiel. Das war ein alter Schimpansen-Mann, von dem ich noch gar nicht erzählt habe. *Der* war kräftig! *Der* hat rumgedonnert! Aber gleichzeitig war er *so* ein lieber Kerl. Ich habe ihn noch oft besucht. Und wenn er mich gesehen hat – jetzt ist ja alles vorbei: Ich hab die Hand an die Scheibe gelegt, er kam herunter, hat die Hand genauso an die Scheibe gelegt, hat genau das Gleiche gemacht wie ich. Und dann saßen wir da …

Rettung in der Nacht

Erzählt von Tom Putzgruber, Salzburg

Von unserem Verein gibt's eine Initiative, die nennt sich respek-TIERE IN NOT. Da fahren wir verschiedene Stellen an, vor allem in Osteuropa, wo wir Leuten helfen, die sich selbst für Tiere einsetzen. Und in diesem Fall gibt's eine junge Frau in Rumänien, die heißt Aurelia. Die hat damals in einem Einfamilienhaus in Craiova gewohnt und nebenbei ein kleines Asyl betrieben; hat dort ungefähr hundert Straßenhunde versorgt. Völlig mit Eigenmitteln, unter Ausschöpfung all ihrer Möglichkeiten. Und hat in ihrem Haus selber auch noch um die fünfzehn Hunde gehabt.

Vor diesem Haus ist eines Tages ein Hund aufgetaucht – Tom haben wir ihn später genannt. Aurelia hat sich in ihn genauso schnell verliebt wie jeder, der ihn kennengelernt hat. Ich weiß noch: Wir sind dort hingekommen und ich hab diesen Hund auf der Straße gesehen – und Tom war jetzt nicht unbedingt – nach diesen Maßstäben von unseren Hundebüchern oder so – das gängige Schönheitsideal; das war so ein Brauner, Struppiger, aber er hat diese *Ausstrahlung* gehabt; diese ausdrucksstarke Persönlichkeit. Wenn man ihn beobachtet hat, hat man sofort gespürt, dass er irrsinnig kommunikativ ist und auch irrsinnig aufmerksam. Der hat alles registriert. Wenn irgendwo ein Blatt gefallen ist, ging er sofort nachschauen; war also auch sehr neugierig. Und wenn er gemerkt hat, es gibt irgendwo Streit, ist er sofort dazwischengegangen, hat beschwichtigt und seinen Charme gleichermaßen auf beide Seiten verteilt.

Aurelia wollte ihn zuerst eigentlich in ihr Asyl bringen; hat das auch mehrmals versucht, aber jedes Mal, sobald er dort war, hat er sich hingelegt, hat die Ohren hängenlassen und mit seiner ganzen Körpersprache gezeigt, dass es ihm dort absolut nicht gefällt. Wenn sie ihn vors Haus zurückgebracht hat, hat er sofort wieder die Ohren aufgestellt … Und weil er auch nicht ins Haus wollte – er ging einmal kurz mit rein und wollte gleich wieder raus –, hat Aurelia schließlich angefangen, vor dem Haus Hundehütten aufzustellen und ihn dort zu füttern; da sind dann noch zwei andere Hunde dazugekommen: eine ganz alte Hündin, die ein komplett vernarbtes Gesicht hatte, und eine junge Hündin mit nur einem Auge. Die haben wir One-Eye genannt.

Diese drei haben dann ein Rudel gebildet, sind meistens vor dem Haus gewesen und haben sich dort offensichtlich sehr wohlgefühlt. Am Anfang war noch die alte Hündin die Rudelführerin. Aber bei Straßenhunden gibt's ja teils heftige Territorialkämpfe mit anderen Rudeln. Und ich glaube, dass sie in dieser Hinsicht so ein bissel die Jahre gemerkt hat. Sie hat ein wenig gehumpelt und war schon von daher nicht mehr so schnell … Und deswegen hat es sich im Lauf der Zeit so eingespielt, dass Tom der Rudelführer wurde. Weil er einfach der Junge, Starke war. Das ging ganz ohne Streit vonstatten. Die Rolle ist ihm mehr oder weniger zugefallen. Und die alte Hündin war, glaube ich, mit ihrer neuen Rolle auch sehr zufrieden.

Damals sind wir ungefähr alle sechs Monate da runtergefahren; und jedes Mal, wenn wir hingekommen sind, hat uns Tom stürmisch begrüßt. Es hat bei ihm gar keine Berührungsängste gegeben, so wie's bei anderen Straßenhunden oft der Fall ist, weil sie einfach immer wieder schlechte Erfahrungen mit Menschen machen. So gesehen war auch die Situation vor dem Haus sicher fast schon ideal. Wir haben natürlich immer wieder überlegt, ob wir ihn nach Österreich bringen sollten oder nach Deutschland, um ein Zuhause für ihn zu finden, sind aber nie wirklich zu einem Schluss gekommen. Wir haben ja gesehen, wie glücklich er auf der Straße ist. Noch dazu, wo er jetzt unter dem Schutz von Aurelia stand. Sie kannte die Hundefänger von der Stadt. Die haben gewusst: Die Hunde gehören zum Haus. Haben sie in Ruhe gelassen. Aurelia hat die drei täglich gefüttert … Für einen Straßenhund ist so was natürlich ein Paradies, weil, wenn die ganzen Gefahren und Entbehrungen nicht wären, wär's ja auf der Straße eh ein viel besseres Hundeleben als in irgendeiner Wohnung in der Stadt im fünften Stock, wo der Hund zweimal am Tag kurz rauskommt. Für Tom wäre das wahrscheinlich eine Katastrophe gewesen.

Dann sind wir einmal kurz vor Weihnachten wieder runtergefahren. – Und wenn wir nach Osteuropa fahren, mache ich oft kleine Kundgebungen, um die Leute auf das Leid der Straßenhunde aufmerksam zu machen, die dort ja immer noch getötet werden. Und das habe ich an diesem Abend auch gemacht. Das war, glaube ich am 22. Dezember. Um acht, neun am Abend. Es war schon stockfinster. Dazu hat's stark geschneit. Ich hab mir eine belebte Straßenkreuzung gesucht. Alleine. Ungefähr einen halben Kilometer von Aurelias Haus entfernt. Hab neben der Straße meine Transparente montiert. Auf denen stand auf Englisch: »Todesstrafe für Unschuldige? – EU: Stoppt das Töten von Straßenhunden!« Dann hab ich mich mit Skelettkostüm und Totenkopf-Maske auf meinen Stuhl gesetzt. Hatte noch eine blutverschmierte Decke umhängen, eine zerrissene EU-Fahne und, damit die Leute den Bezug zum Land sehen, eine Rumänien-Fahne. Und gerade das ist halt etwas, was den Behörden dort meistens nicht gefällt. Da bin ich schon vier- oder fünfmal verhaftet worden.

Jedenfalls bin ich dort ungefähr eine Stunde lang im Schneetreiben gesessen, war schon ganz eingeschneit und wollte den Platz eigentlich wieder verlassen – auf einmal kommt ein Polizeiauto, und drei Polizisten steigen aus, kommen her … Und wenn osteuropäischen Polizisten etwas nicht passt, zeigen sie dir das meistens sehr deutlich. Wahrscheinlich waren sie schon sauer, dass sie bei dem Wetter überhaupt in den Einsatz mussten. Sie waren ja nicht zufällig vorbeigefahren, sondern gerufen worden. Deshalb haben sie sehr streng, im Befehlston, nach meinem Ausweis gefragt, wollten wissen, was ich da eigentlich mach, haben gesagt, das geht nicht, das ist verboten, und wollten mich schließlich mitnehmen, um mich auf dem Posten zu verhören. Ich hab noch versucht, mit ihnen zu diskutieren …

Und auf einmal taucht, wie aus dem Nichts, aus dem Schneegestöber, Tom auf – ich bin bei einer Laterne gesessen, deswegen war's im weiteren Umkreis eher schwarz –, und schießt da aus diesem Nichts heraus. Kommt als Erstes zu mir her, lässt sich streicheln, geht dann zu den Polizisten, zu jedem einzelnen, tut da ein bissel rum, lässt sich auch von ihnen streicheln, kommt zurück zu mir, stützt sich mit den Vorderpfoten auf meinem Oberschenkel ab – ich sitz noch immer auf dem Stuhl – und beginnt, mir das Gesicht abzuschlecken. Trotz der Totenkopfmaske!

Ich hab natürlich – weil ich bei solchen Aktionen immer eine Kamera dabeihab – aus der Hüfte heraus noch ein paar Bilder gemacht, auf denen man auch die Polizei so ein bissel erkennt, und hab dann gesehen, wie sich bei dem ersten Polizisten das Gesicht entspannt. Auf einmal sagt er zu mir in gebrochenem Englisch: »Man sieht: Der Hund weiß, dass du Gutes tust.« Und dass ihm das genügt. Dann hat er mir den Ausweis zurückgegeben. Und ich hab gesagt: »Was heißt das jetzt? Muss ich jetzt gehen?« Da hat er gesagt: »Nein, du kannst gern sitzenbleiben. Aber pass auf, weil, heut ist's wirklich kalt«; was ich als recht nett empfunden habe.

Straßenhund Tom bewahrt den Tierschützer im Schneegestöber vor der Polizei

Dann haben sich die drei umgedreht, sind zu ihrem Auto gegangen – und wie sie im Auto gesessen sind, ist auch Tom wieder in dieselbe Richtung in die Nacht gegangen, aus der er gekommen war.

Ich hab mich natürlich gefragt, wie er mich überhaupt gefunden hat. Wenn die Kreuzung gleich beim Haus gewesen wäre, hätte er mich vielleicht sehen oder riechen können. Aber mich hat das so fasziniert, weil ich mir ja einen guten Platz gesucht hatte. Aurelias Haus liegt so ein bissel abseits. Und darum war ich relativ weit davon entfernt. – Schlussendlich hab ich mir aber gedacht, dass es egal ist. Und dass das einfach doppelt und dreifach gut ist. Weil die Polizisten diese Geschichte weitergegeben haben werden. Und sie werden's ähnlich weitergegeben haben, wie ich's empfunden hab. Die waren richtig ergriffen. Das hat man gesehen. Und sie werden, glaube ich, Straßenhunde danach mit anderen Augen betrachtet haben.

Die Totenwache

Erzählt von Oliver Höner, Berlin

Am Anfang – Mitte der Neunziger – war ich jedes Jahr bis zu elf Monaten in Tansania, bei den Hyänen. Jetzt sind es nur noch zwei bis drei, wenn's hoch geht vier Monate pro Jahr, die ich bei ihnen sein kann. Was ich schade finde, denn dadurch verliere ich ein bisschen die nahe Beziehung zu den Individuen. Ich kenn sie nicht mehr ganz so gut wie früher. Anfangs war das intensiv. Wir arbeiten im Ngorongoro-Krater, gleich angrenzend an die Serengeti, im Norden Tansanias. Das ist ein Einsturzkrater. Der weltweit größte Einsturzkrater mit noch intakten, zusammenhängenden Steilwänden.

Als wir da ankamen, wurde uns oben auf dem Kraterrand eine Lichtung im Wald zugewiesen, auf der wir unser Zelt aufbauen konnten – sonst gab's da nichts. Das war natürlich abenteuerlich. Da hast du nur so ein bisschen Stoff zwischen dir und den Löwen und Elefanten und Leoparden und auch kein fließendes Wasser, keinen Strom ... Die nächste Möglichkeit einzukaufen zwei Stunden entfernt. Kaum Kommunikationsmöglichkeiten damals. Kein Internet, kein Handy.

Unten im Krater gibt's zwei relativ kleine Wäldchen; ansonsten nur Savanne. Weites Grasland. Und ringsherum fünf- bis sechshundert Meter hohe Hänge. Wobei die je nach Seite unterschiedlich steil sind. Vor allem der ganze Westen ist sehr steil. Wenn du das zu Fuß machen willst, ist das ne Herausforderung. Ich fand's oft beeindruckend, da hochzuschauen und daran zu denken, dass Tiere wie Elefanten oder sogar Flusspferde – unsere Hyänen natürlich auch – tatsächlich von drinnen über den Kraterrand wandern, sich Futter beschaffen, und dann wieder zurückkommen.

Insgesamt leben im Krater acht Hyänengruppen – von jeweils bis zu hundertdreißig Tieren. Es gibt auch eine hohe Dichte an Löwen und eine sehr hohe Dichte an Beutetieren – Gnus, Zebras, Gazellen ... Und dann verbringst du da erst mal viel Zeit mit deinen Studientieren: am Bau oder bei den Ruheplätzen, wenn sie einander begegnen und sich begrüßen. Wobei ich zu Beginn sehr viel zusammen mit meiner Partnerin unterwegs war, mit der ich die Studie damals machte. Inzwischen sind wir alle meist alleine unterwegs. Allerdings ist man im Ngorongoro-Krater nicht wirklich alleine, die Ranger sind ja ziemlich nahe. ... Wir hatten, auch schon bevor's die Handys gab, direkten Funkkontakt mit ihnen. Trotzdem muss man natürlich vorsichtig sein. Man geht da auch nicht raus aus dem Auto. Vor allem, weil's da auch Nashörner gibt. Mit denen nicht zu spaßen ist. Vor denen man auch nicht wegrennen kann. Weil sie einfach zu schnell sind. Zu aggressiv. Außerdem sehen sie schlecht und gehen, wenn ihnen was nicht geheuer ist, erst mal auf Angriff; kucken mal, was passiert. Noch dazu gibt's wie gesagt Löwen, Büffel – das sind Tiere, die sind einfach sehr gefährlich.

Trotzdem ist es gerade am Anfang beeindruckend, wie nah du den Hyänen kommst. Und wie persönlich die Beziehung dann auch wird. In dem Sinn, dass du auch wirklich mitfühlst. Charaktere schälen sich heraus, allein dadurch, dass die Tiere miteinander interagieren; dass es immer mehr Geschichten zu ihnen gibt. Wie sie sich verhalten. Bei Jagden oder bei der Aufzucht der Jungtiere. Sind es besonders mutige Tiere, die bei Auseinandersetzungen mit Löwen immer zuvorderst an der Front sind und am lautesten rufen? Sind es Tiere, die oft alleine waren ...?

Ein bisschen herausstechen, vor allem am Anfang, tun natürlich die Alphaweibchen; weil man die so oft sieht. Bei den Hyänen ist es ja so, dass jeder Clan von einem Alphaweibchen und seinen Jungen angeführt wird. Und bei diesen Weibchen gibt es sehr verschiedene Führungsstile. Ich erinnere mich vor allem an ein erfahrenes Alphaweibchen aus meiner Anfangszeit, das bei allen Begegnungen mit anderen Hyänen eine ganz besondere Ruhe ausgestrahlt hat und dem wir deshalb den Namen Kimia gaben. Das heißt »ruhig« auf Suaheli. Bei ihr hat man kaum je gesehen, dass sie ihren Status aggressiv verteidigen musste. Da hielten alle respektvollen Abstand. Allen war klar: Das ist die Chefin. Wodurch auch die Gesamtsituation ruhiger war, entspannter. Das hat mir sehr imponiert.

Kimia ist allerdings relativ bald gestorben. – Eines Tages, als wir gerade per Zufall genau bei diesem Clan waren, sahen wir schon von Weitem, wie Sumbua, die zweitjüngste Tochter von Kimia, mit noch zwei, drei anderen daherkam und irgendwas rumtrug. Hyänen haben einen kräftigen Nacken und können Beute von vielen Kilogramm über weite Strecken schleppen. Aus der Nähe sahen wir dann, dass es der Kopf einer anderen Hyäne war, mit noch was dran; ein bisschen Haut, an der noch ein Bein hing. Und das trug Sumbua dann zum Gemeinschaftsbau.

Wir haben uns natürlich gefragt: »Ja, wer ist denn das?« Und erst aufgrund einer Ohrmarke haben wir gemerkt: »Das ist ja Kimia!« Das war für mich schon ein Schock. Ich habe durchaus immer wieder Lieblingshyänen. Und zu dem Zeitpunkt war das Kimia. Andererseits steckt in mir halt auch ein wissenschaftlicher Geist. Bei mir kommt da sofort das Interesse mit rein, der Forscherinstinkt sozusagen: »Okay, was passiert jetzt? Was macht Sumbua jetzt damit? Frisst sie jetzt ihre Mutter?« Hyänen fressen durchaus tote Hyänen, aber ganz anders, als sie das mit Beute tun. Das ist für sie nicht ne Beute.

Letztlich fanden wir aber relativ schnell heraus, dass das Ganze – weil wir in der Nähe auch Löwen gesehen hatten – aufgrund einer Löwenattacke passiert sein musste. Und daraufhin hatte sich Sumbua – die wahrscheinlich mit dabei war und auch dabeiblieb – wohl entschieden, die Überreste Kimias zum Bau zu bringen, um sich noch irgendwie von ihr verabschieden zu können. Sie blieb dann wirklich die ganze Nacht bei ihr. Da kamen auch immer wieder andere zum Bau. Gingen wieder. Haben da rumgeschnüffelt. Und erst am frühen Morgen fingen einige andere an, langsam an dem toten Körper rumzunagen. Aber die Situation vorher, diese … Totenwache – das war schon eine unglaubliche Erfahrung.

Wir haben dieses Einfühlsame, diese Anhänglichkeit über den Tod hinaus, dann auch noch in anderen Situationen mehrmals gesehen. Zum Beispiel, wenn Mütter ihre Jungtiere verloren und sie dann noch tagelang rumgetragen haben. Auch so was berührt einen natürlich jedes Mal. Und das finde ich auch gut so. Ich bin der festen Überzeugung, dass man viel mehr über die Tiere erfährt und die eigenen Fragen viel besser beantworten kann, wenn man sich auch emotional auf sie einlässt. Gerade bei den Hyänen. Da läuft so viel Soziales, was wir auch von uns Menschen kennen: dass sie miteinander Freundschaften aufbauen, Freundschaften pflegen. Dass sie Koalitionen bilden, gegen andere in der Gruppe oder gegen benachbarte Gruppen. Dass sie eindringen in fremde Gebiete und dann verprügelt werden. Und deswegen kann man mit ein bisschen Erfahrung auch sehen, wie so was die Tiere auch emotional treffen kann.

Auch solche Situationen hab ich mehrmals erlebt. Ein Fall ist mir besonders in Erinnerung geblieben. Paco, ein Männchen, war schon ein paar Jahre in der Gruppe und daher nicht mehr so ganz tiefrangig. Bei Hyänen ist es ja so, dass es fast immer die Männchen sind, die aus der Geburtsgruppe weg- und in eine neue Gruppe einwandern. Wo sie erst mal zuunterst in der sozialen Hierarchie angesiedelt sind.

Jetzt kannten wir Paco aber als einen, der sich nicht groß um Freundschaften scherte – gerade mit anderen Männchen. Der hat meist sein eigenes Ding gemacht. Wenn ein Beutetier gerissen worden war und die anderen sich danach noch zusammen irgendwo hingelegt haben oder zum Bau gingen, ist er einfach weggelaufen und hat einen Platz für sich alleine gesucht. Deshalb hatten wir schon die ganze Zeit das Gefühl: »Oh, das geht schief. Der kümmert sich zu wenig um soziale Bindungen mit anderen.«

Und so war es dann auch. Irgendwann war's den anderen Männchen offensichtlich zu viel. Paco hatte zwar eine kleine Koalition mit zwei anderen Männchen. Aber dann traf er eines Tages auf drei weitere, die eigentlich tieferrangig waren als er. Und daraufhin haben sich die zwei, die eigentlich mit ihm zusammen waren, auf deren Seite geschlagen – und griffen Paco zu fünft an. Und zwar heftig. Richtig, richtig heftig. Und wenn Hyänen zubeißen – dann kann man sich ja vorstellen, was da passiert. Wir haben ihn dann gesehen, wie er sich verletzt davongeschlichen hat, aus diesem Territorium heraus, und sich alleine in eine Mulde gelegt hat. Da war klar zu erkennen, dass er mental nicht mehr gut beieinander war. Er war überrascht und psychisch angeknackst. – Und kam auch nie wieder zurück. Er war ne Weile alleine unterwegs und hat sich nach ein paar Monaten einer anderen Gruppe angeschlossen.

Als Beispiel für ein sozial *kompetentes* Männchen fällt mir Lampone ein. Der war sehr sanftmütig und auch gegenüber Konkurrenten kaum aggressiv. Wobei er bei der Jagd durchaus aggressiv sein konnte. Das muss eine Hyäne auch. Aber vor allem den Weibchen gegenüber hat er sich immer ganz, ganz freundlich verhalten. Immer schön die Distanz gewahrt. Wirklich das pure Gegenteil zu manch anderen, die ständig hinter den Weibchen her sind, die versuchen, sie in den Hintern zu beißen, um ihre Aufmerksamkeit zu erregen ... Solche Dinge hat Lampone einfach nicht gemacht hat. Das hat sich für ihn dann auch ausgezahlt, weil er sehr viele Jungtiere mit dem Alphaweibchen seines Clans zeugen konnte. Die mochte seine Art sehr gerne. Wie's überhaupt so ist, dass Männchen, die sich eher freundschaftlich verhalten, erfolgreicher sind. Sie werden von den Weibchen bevorzugt und haben dadurch einen vergleichsweise hohen Status.

Aber natürlich gibt's auch die andere Seite der Medaille. Es gibt Intrigen, es gibt Umsturzversuche, es gibt Coups – die allerdings selten in echte Kämpfe ausarten. Eine Fähigkeit, die Hyänen haben, ist nämlich, sehr gut abschätzen zu können, wie stark die jeweiligen Koalitionen sind. Als zum Beispiel Kimia gestorben war, übernahm eine ihrer Töchter den Clan. Nicht Sumbua, die die Totenwache gehalten hatte, sondern die jüngste: Mafuta. Aber Mafuta hatte dann achtmal hintereinander nur Söhne, die alle abwanderten. Irgendwann merkte Sumbua, die inzwischen selber *Töchter* hatte: »Ja, eigentlich sind meine Töchter und ich ja in der Überzahl!« – und stürzte daraufhin ihre Schwester.

Weshalb ich das auch erwähne: Wir Menschen tendieren ja dazu, gewisse Verhaltensweisen von Tieren moralisch zu bewerten. Besonders von Tieren, die ein so schlechtes Image haben wie Hyänen. Wenn ich jemandem erzähle, dass ich mit Hyänen arbeite, kommt eigentlich immer diese Reaktion – auch heute noch: »Ach, warum machst du das?« Und dann folgen all diese Vorurteile, die man diesen Tieren gegenüber hat. Dass sie ab-

Der sanftmütige Lampone bei der Fellpflege eines Weibchens

scheulich sind. Fies und feige. Hinterhältig. Ich muss zugeben: Besonders anziehend, spannend oder attraktiv fand ich Hyänen früher auch nicht. Aber sobald du da bist und die Tiere selber siehst, siehst du auch, dass alles das, was man ihnen zuschreibt, komplett falsch ist. Klar, das sind Raubtiere. Sie fressen andere Tiere. Aber das bedeutet nicht, dass sie da ständig mit verzerrtem Gesicht rumrennen und die personifizierte Bösartigkeit sind. Nein! Vielleicht auch deswegen, weil ich sie *immer wieder* auf der Jagd gesehen habe, habe ich auch gemerkt: Dieses Töten-und-Fressen ist für sie so was Normales! So was Beiläufiges. Und du siehst ihnen das auch an. Das ist, wie wenn wir in ein Restaurant gehen und unser Abendessen essen. Nichts anderes.

Oder wenn man jetzt mal das Wort »hinterhältig« nimmt: Hyänen sind ja Hetzjäger, Ausdauerjäger. Während Großkatzen tatsächlich nach dem Prinzip des Hinterhalts jagen, gehen Hyänen ganz offen auf eine Gnu-Herde zu. Ohne Deckung. Schleichen sich nicht an. Nichts! Vielmehr rennen sie geradewegs in ne Herde rein und treffen eine Wahl: Welches Tier eignet sich? Welches Tier ist heute ein bisschen schwach oder auffällig oder was weiß ich – und verfolgen es. Das ist das pure Gegenteil von hinterhältig. Wenn sie dann das Tier töten – *natürlich* ist das aggressiv! Das *muss* ja sein. Du schlägst da deine Zähne in die Seite eines Gnus und reißt an dem rum. Klar, da ist Kraft dahinter. Ich hab mir in solchen Situationen oft gewünscht, dass es schnell vorbeigeht. Und es geht auch sehr, sehr oft schnell vorbei. Gerade wenn Hyänen ein Gnu oder ein Zebra jagen, machen sie das ja meist nicht alleine, sondern in Gruppen. Bei uns im Krater sind dann sofort viele andere Gruppenmitglieder da – und das Tier ist innerhalb kürzester Zeit tot. Das geht unglaublich schnell.

Gut, aber ist das jetzt positiv? Oder ist es negativ? Gut oder schlecht? Worauf ich hinauswill: Es fällt mir zunehmend schwer, bei solchen Dingen die üblichen Grenzen zwischen positiv und negativ zu ziehen. Und das ist für mich tatsächlich auch ein wichtiger Teil meiner Erfahrungen mit den Hyänen: Dass sie mir gespiegelt haben, wie wir Menschen die Tiere und auch ihr *Verhalten* bewerten. Und was das für schlimme Konsequenzen für ganze Tierarten haben kann. Da hab ich sehr viel drüber nachgedacht, und das hat mir auch persönlich weitergeholfen, denke ich. Aber es schmerzt mich. Es schmerzt mich vor allem für die Hyänen. Für diese absolut faszinierenden Tiere.

Allahs fliegende Stute

Erzählt von Manfred Weindl, Salzweg bei Passau

Ich war fünfundzwanzig Jahre Polizist. Und da gab's Ende 1996 einen dienstlichen Vorfall – da habe ich einen Straftäter festnehmen wollen, der gleich mehrere Straftaten begangen hatte: Fahren ohne Fahrerlaubnis, Fahren ohne Pflichtversicherung, Auto nicht zugelassen, gestohlene Autoradios hat er drin gehabt, drei Stück … Und dieser Straftäter hat sich der Festnahme widersetzt. Er war sehr kräftig, wesentlich größer als ich, und ich hab nur eine junge zierliche Kollegin dabeigehabt. Und um ihn festnehmen zu können (er hatte mir mittlerweile schon eine Rippe gebrochen, ich hab kaum mehr atmen können), hab ich ihm auf die Nase gehauen und ihm mit diesem Schlag das Nasenbein gebrochen.

Dieser Faustschlag hat dazu geführt, dass er seinen Widerstand aufgegeben hat und wir ihn festnehmen konnten. Und im Strafverfahren ist er wegen seiner ganzen Straftaten, die er begangen hatte, auch verurteilt worden – wobei der Richter gesagt hat: »Der Faustschlag: hundertprozentig in Ordnung.« Aber dann ist dieser Mann vor ein Zivilgericht gegangen und hat von mir wegen der gebrochenen Nase Schmerzensgeld verlangt. In diesem Verfahren wurde mein Dienstherr – in dem Fall der Freistaat Bayern – verurteilt, an meiner Stelle Schmerzensgeld zu bezahlen, denn zivilgerichtlich kann nur der Dienstherr verurteilt werden.

Diese Verurteilung war für mich, wie wenn ich selber verurteilt worden wäre. Ich hab schon in meiner Kindheit, meiner Schulzeit, oft das Gefühl gehabt, nichts richtig machen zu können. Und das ist jetzt wieder durchgebrochen. Im Endeffekt hab ich für mich rausgehört, dass ich unfähig bin und nichts kann. Hatt' ja der Zivilrichter auch gesagt: »Was wollen Sie denn überhaupt; Sie können ja nicht einmal einen Einsatz ordnungsgemäß durchziehen.«

Und das hat mich total niedergeworfen. Ich bin an der Gerechtigkeit richtiggehend verzweifelt. Es ist dann so weit gekommen, dass ich depressiv wurde. Um das zu überstehen – schlafen hab ich nicht mehr können –, hab ich Alkohol getrunken, bin auch noch alkoholabhängig geworden, hab Angststörungen gekriegt ... Am Schluss hab ich nicht mal mehr mit dem Auto nach Passau fahren können, weil ich gewusst hab: Ich find in der ganzen Stadt keinen Parkplatz. Ich hab auch gewusst: Wenn ich auf die Autobahn fahre, ist ganz sicher ein Stau. Und wenn ich mit dem Zug fahre, hat er hundertprozentig drei Stunden Verspätung. Deswegen habe ich das alles nicht mehr gemacht. Weil ich mir immer ausgemalt habe, was alles sein kann. Und so hab ich auch nichts mehr erlebt. Ich hab nur noch in Angst gelebt. Diese Angst hat mir alles verwehrt.

Und irgendwie hab ich – genau in dieser Hochphase meiner Erkrankung – das Gefühl gehabt: Ich brauch eine Aufgabe. Von der ich keine Ahnung hab. Und wo mir auch keiner helfen kann. Und ich hatte halt damals schon einiges mit Tieren zu tun gehabt. Aber nie mit Pferden. Ich hab sie zwar immer total majestätisch gefunden und als Kind alle Karl-May-Bücher gelesen, aber ich war noch nie auf einem Pferd gesessen. Und dann hab ich mir eine zweijährige Anglo-Araber-Stute gekauft. Girly. Sie war noch nicht zugeritten, weil man ein zweijähriges Pferd noch gar nicht reiten darf und reiten kann. Ich hatte keine Ahnung. Nichts. Es ist das Verrückteste, was man machen kann: sich eine Stute zu kaufen – das ist eh schon mal schwieriger – und dann auch noch eine Zweijährige und ein Vollblut. Aber für mich war's wichtig. Weil, ich hab meiner Umwelt beweisen müssen: »Ich kann was. Ich bin nicht nur ein – Verlierer.«

Ich hab Girly dann ein Jahr lang nur spazieren geführt; und mir wirklich alles zusammen mit ihr beigebracht. Und dadurch hat sich schnell rausgestellt, dass ich – schon aufgrund meiner Erkrankung, weil ich wusste, wie es sich anfühlt, wenn man schlecht behandelt wird – ein besonderes Gespür hab für Pferde. Weil, sehr viele Pferde werden nicht so behandelt, wie's gehört. Und das nicht einmal aus bösem Willen, sondern weil der Mensch stark vermenschlicht und deswegen ein Pferd behandelt, wie's einfach nicht umgehen kann damit. Dann ist das Pferd unglücklich und der Mensch sagt: »Aber ich mein' es ihm doch nur gut. Ich tu doch alles für ihn.« Genau das ist oft der Fehler.

Und so hat sich das ergeben, dass ich immer wieder von Leuten gefragt worden bin: »Mei, könnt'st du mir mal helfen? Mein Pferd geht nicht aufn Anhänger.« Oder sonst was in der Art. Damals gab's ja schon alle möglichen berühmten Pferdeflüsterer. Aber ich wollte niemandem was nachmachen, sondern ich wollt' mein eigenes Ding machen. Ich wollt' meine eigene Sache entwickeln. Und hab dann – durch viel Beobachten – mit jedem Pferd dazugelernt.

Aber am meisten gelernt hab ich natürlich mit Girly. Wir sind viel unterwegs gewesen. Haben viele Wanderritte gemacht. Einfach von da aus, wo wir waren. Haben irgendwo übernachtet, sind wieder weitergeritten, haben wieder übernachtet … Und wenn du abends geschwitzt und gestunken hast, dann war das scheißegal. Das war halt dieses Freisein – mir nicht immer sagen lassen zu müssen, was ich zu tun hab. Als Polizist hat ja immer alles passen müssen. Wenn ich schwarze Socken angehabt hab, hat mich der Chef geschimpft, weil: Du hast ja bloß braune anziehen dürfen.

Und Girly hat *auch* immer diesen Freiheitsdrang gehabt. Sie hat zum Beispiel als Fohlen – das weiß ich jetzt aber bloß vom Vorbesitzer – am Elektrozaun gewartet, bis kein Klack-Geräusch mehr gekommen ist; weil, der Elektrozaun hat ja nicht dauernd Saft drauf, sondern nur stoßweise. Das klackt, und das hört man. Und da hat sie sich neben den Zaun gelegt und wenn das »Klack« nicht kam, hat sie sich unten rausgewutzelt.

Deshalb ist das – das ist vielleicht ein abgeschmackter Begriff, aber ich nenn's echt eine Seelenverwandtschaft, was wir miteinander haben. Und da erlebt man mit der Zeit natürlich ganz viel. Vor allem *eine* Geschichte fällt mir dazu ein. Und zwar: Ich hatt' ja nach wie vor, obwohl ich mit der Pferdearbeit bald relativ erfolgreich war, das Gefühl: »Ich kann nicht genug. Ich bin nicht gut genug.« Wenn ich vom Einsatz weggefahren bin – »Einsatz« deswegen, weil ich wirklich nur zu Problempferden gefahren bin – und meine Frau dabei gewesen ist, hat sie oft gesagt: »Was hast'n heut wieder verkehrt gemacht? Sag's gleich.« Weil sie gewusst hat: Ich find' immer irgendwas. Ich bin nie zufrieden.

Und dann kommt eines Tages in dem Stall, in dem ich damals die Girly stehen hatte, die Besitzerin von Girlys Halbbruder Sam zu mir – sie war relativ neu in dem Stall, sehr jung, vielleicht zwanzig Jahre alt – und sagt: »Manfred, am Sonntag könnten wir ausreiten. Und dann schau'n wir mal. Machen wir mal ein Rennen. Wer schneller ist. Girly oder der Sam.«

Sag ich: »Nein, mag ich nicht.«

»Ah geh, komm, jetzt stell dich nicht so an.«

Sag ich: »Nein, ich mag das nicht. Ich mach so was nicht und ich mag nicht.«

Aber irgendwie hat's mich anschließend schon kurz gemartert: »Warum machst du das nicht? – Tja, ich könnt' ja auch verlieren. Und ich *will* nicht wieder verlieren.« So waren meine Gedanken.

Obwohl ich gewusst hab: »Ich hab ja Girly«, und die ist auch in *dem* Punkt genau wie ich: Sie will nicht verlieren. Mit ihr war's immer so: Wenn wir mal zu mehreren unterwegs waren und galoppiert sind – sie war immer die Schnellste. Und zwar teilweise schon so, dass alle anderen gesagt haben: »Oh Gott, wir haben gemeint, wir kommen überhaupt nicht vom Fleck!« Girly ist eine Rennsemmel! Aber das waren halt nie echte Rennen gewesen. Wenn ich als Letzter angekommen wär', wär's auch wurscht gewesen. Und deswegen hab ich mich auch drauf einlassen können. Aber dieses Mädchen wollt' ein richtiges Rennen machen. Und hat sogar schon mit anderen Leuten im Stall darüber geredet: »Ich möcht echt wissen, wer schneller ist: Girly oder Sam.«

Dann bin ich aber an diesem Sonntag trotzdem mitgeritten. Wir waren acht Reiter. Und es ist eine tolle, relativ lange Galoppstrecke gekommen. Das gibt's ja selten. Und sofort ist natürlich von dem Mädchen gekommen: »So!!! Und jetzt! Jetzt machen wir ein Rennen! Jetzt galoppieren wir!« Ich sag: »Nein.« Aber sie war schon weg. Und die anderen sechs Pferde auch. Weil, wenn eins galoppiert, galoppieren normalerweise alle.

Aber ich hab Girly hergehalten. Ich hab sie nicht mitgaloppieren lassen – hab dann allerdings gemerkt, wie sie angefangen hat zu tänzeln. Und zu mir hochschaut; so ungefähr: »Hey, Alter, das kannst du mir jetzt nicht antun. Wenn *du* verlieren willst, bitte, dann verlier', aber *ich* will jetzt nicht da hinten bleiben.« Im Endeffekt war's genau das, was ich aus ihrem Verhalten rausgelesen hab. Wie die sich unter mir bewegt hat! Dieses Unbändige! Ich bin mir sicher: Fünfundneunzig Prozent der Pferdebesitzer können ihr Pferd an dieser Stelle nicht mehr halten. Es galoppiert und du kannst an dem Zügel tun, was du willst – das interessiert das Pferd alles nicht. Girly hatte zum Glück so viel Anstand: Wenn sie wusste, dass sie etwas nicht darf, hat sie's auch nicht gemacht.

Aber sie hat mir klipp und klar zu verstehen gegeben, was ihr *Wille* ist.

Und deshalb hab ich entschieden – aus einem Impuls heraus, der mir in diesem Moment gar nicht klar war: »Okay, Girly!«

Und ich hab sie losgelassen.

Und dann kann ich wirklich nur sagen: »Allahs fliegende Pferde!« Es gibt ja diese Stelle im Koran, dass Allah dem Pferd die Fähigkeit verliehen hat, ohne Flügel zu fliegen. Und die Araberpferde sind halt die klassischen Rennpferde.

Inzwischen waren die anderen schon circa fünfzig Meter vor uns. Aber dann haben sie einen Berg raufmüssen und dort eine enge Kurve nehmen. In dieser Kurve war ich schon neben ihnen, so nah, dass sich beim Vollgalopp unsere Steigbügel berührt haben. Ich hätte mir bald in die Hose gemacht. Girly ist wie um ihr Leben gerannt. Und dann an allen vorbei. Und wie oben die Galoppstrecke zu Ende war, hab ich mich umgedreht. Die anderen waren locker mindestens fünfzig Meter hinter uns. Girly ist stehengeblieben, hat geschnauft und geprustet, aber man hat's ihr direkt angemerkt: Sie war happy.

Und das war eine Geschichte für mich, die hat mir unglaublich viel gebracht. Nicht nur, weil wir so was nie wieder nötig gehabt haben; im ganzen Stall war klar: »Okay, mit der Girly nehmen wir's besser nicht auf« –, sondern weil Girly mir gezeigt hat, wie sie denkt und was sie für sich als ganz normal empfindet. Dieses: »Ich mag nicht hinten bleiben.« – Was für mich dann wieder bewirkt hat, dass ich gesehen hab: »Ich werd ja niemals irgendwas erreichen oder auch nur lernen, wenn ich's nicht wenigstens probiert hab.« Das ist das, was Girly mir beigebracht hat. Dass sie mir quasi gesagt hat: »Und *wenn* wir verloren hätten? Na und?« Für mich hat das den Ausschlag gegeben, dass ich mich wieder was getraut hab. Dass ich wieder verstanden hab, um was es im Leben geht.

Wölfe sind ehrliche Tiere

Erzählt von Gudrun Pflüger, Radstadt / Österreich

Während meiner zehn Jahre in Kanada habe ich bei sechs verschiedenen Wolfsprojekten mitgearbeitet. In ganz unterschiedlichen Landschaften und Kulturen. Bei einem Projekt in den Rocky Mountains habe ich einen Wissenschaftler von der Universität Victoria näher kennengelernt. Der war gerade dabei, ein Forschungsteam zum Thema Küstenwölfe zusammenzustellen, und fragte mich, ob ich da mitarbeiten will. Damals war ich noch Biologiestudentin, hab noch ein Semester in Salzburg vor mir gehabt und deshalb gesagt: »Ja, ich bin dabei; aber ich will erst mein Studium fertig machen.« Das hat dann auch alles gut gepasst; ich bin als frischgebackene Biologin nach Kanada zurückgeflogen und habe daraufhin jahrelang an der Küstenwolfstudie mitgearbeitet.

Nach vier Jahren kam ein Anruf vom ZDF. Sie wollen da einen Film drehen. Zwar hat's damals – 2004 – bereits einen Film von National Geographic über Küstenwölfe gegeben, aber das ZDF wollte halt was Eigenes machen und hat mich erst mal nach Mainz in die Hauptzentrale eingeladen; das war zu Weihnachten, weil ich da – wie fast jedes Jahr – eh in Österreich war. Und letztlich, nach einigen Gesprächen und Telefonaten, hieß es: »Okay, im Herbst schicken wir eine Kamera-Crew.« Und: »Gudrun, bitte scoute mal ein bisschen vorab. Schau mal, an welchen Stränden oder Flussmündungen oder sonstigen Plätzen wir eine Chance haben, Küstenwölfe zu filmen.«

Ich hab mich dann drei, vier Wochen vorher auf die Suche gemacht und auch wirklich bald etwas Passendes gefunden – das war fast wie in der Karibik: weißer Sandstrand, offenes Meer in Richtung Westen ... Dort hab ich mich jeden Tag um dieselbe Zeit aufn selben Stein gesetzt, sodass ich für die dort lebenden Wölfe langsam Teil ihrer Umwelt und dadurch vorhersehbar war. Das ist bei Wölfen ganz wichtig. Überraschungen mögen's nicht. Und so haben sie sich an mich gewöhnt und mich akzeptiert.

Natürlich hab ich gedacht: »Gut, das passt. Das funktioniert.« Und als ob sie es gewusst hätten! – einen Tag, bevor das Kamerateam kam, waren sie alle weg. Dann hab ich mir gedacht: »Scheiße!« – Entschuldigung – »was tu ich jetzt?« Ich hab ja sonst nirgendwo gescoutet. Ich kannte keinen anderen Platz.

Am nächsten Tag kam mit dem Wasserflugzeug das Kamerateam eingeflogen. Bestehend aus einem BBC-Filmer mit seinem Soundman. Ich hab fast einen Herzinfarkt gekriegt, als ich die Ausrüstung gesehen habe: die große Kamera, das schwere Stativ. Noch dazu hatten sie nur zwei Wochen Zeit einkalkuliert, weil sie geglaubt haben, sie müssen nur aussteigen ... Vor allem der BBC-Mann. Der kam aus Südafrika. Der kannte die filmischen Bedingungen bei Löwen, der kannte die Serengeti, wo du bis zum Horizont nur drei Bäume hast und mit einem guten Tele noch immer eine Nahaufnahme kriegst. Aber die kanadische Westküste – das ist Regenwald. Dichter als am Amazonas. Bis ans Wasser. Bis ans Meer. Allein schon die Küstenlänge ist irrwitzig. Das ist eine ganz zerklüftete Inselwelt. Und die vielen Fjorde! Also, ich hab Bauchweh gehabt. Ich habe gedacht: »Das ganze Projekt, das können wir schmeißen. Weil zufällig, noch dazu auf so kurze Zeit, find'st da nix.«

Dann haben wir aber natürlich trotzdem versucht, unseren Auftrag zu erfüllen. So gut es ging. Wir waren mit dem Schiff unterwegs und hatten da zum Glück einen ganz tollen Skipper. Jean-Marc, einen französisch sprechenden Kanadier; auf allen Weltmeeren unterwegs. Ein schräger Typ. Und sein Boot: sensationell! Die »Tilsup«. Das ist ein einheimischer Name für Tintenfisch. Die hatte Jean-Marc sich selbst gebaut. Die war so was von wendig. Konnte in die tiefsten Fjorde fahren. Und ich hab dann halt – zunehmend verzweifelt – versucht, die Kameraleute ein bissel zu unterhalten. Hab ihnen gezeigt: Da ist eine Grizzlybär-Spur. Verschiedene Losungen. Damit wir zumindest irgendwas im Kasten haben.

Aber unser Plus war: Ein Typ wie Jean-Marc ist natürlich vernetzt mit allen Fischern an der ganzen Küste. Irgendwann kriegen wir den Anruf: »Tilsup, wir haben da und da gerade Wolfsgeheul gehört.« Und zwar war das auf einer Insel weiter Richtung offenes Meer. Wölfe sind ja wahnsinnig gute Schwimmer. Ich hab selber mal auf einer Insel, die zwölf Kilometer vom Festland entfernt war, eine Wolfslosung gefunden. Da muss also ein Wolf zwölf Kilometer übers Meer geschwommen sein. Noch dazu im Nordpazifik, der extrem wild ist, extrem kalt.

Wir sind dann sofort zu dieser Insel gefahren, von der das Geheul gekommen war. Und ich hupf vom Boot und sehe eindeutig frische Wolfszeichen. Das heißt: frische Losung, frischer *kill* – zerknackte Hirschknochen und so weiter.

Dann ging's auf eine große, einsame Wiese an einem Fluss. Das Gebiet war wirklich abgelegen. Ich hab gleich gesehen: Okay, die Wölfe halten sich da auf. Es ist alles zertrampelt gewesen. – Deswegen hab ich mir gedacht: »Jetzt warten wir dort einmal.« Ich hab mir ein Versteck gesucht – und wirklich, nach kurzer Zeit, kamen sechs erwachsene Wölfe aus dem Wald. Wobei durch den

Fluss klar war: Sie warten auf Lachs. Denn zu der Zeit, im September, ist dort der große Lachszug. Da ziehen Millionen von Lachsen die Flüsse hinauf, in ihre Geburtsflussläufe, wo sie schon von allen möglichen Landtieren und vielen Greifvögeln, vor allem Adlern, erwartet werden. Natürlich auch von Wölfen. In diesem Fall war's so, dass die Lachse sich schon draußen vor der Bucht versammelt hatten, um dort auf den nächsten großen Regen zu warten, der sie in den Fluss spülen und auch den Temperaturunterschied zwischen Fluss und Meer ausgleichen sollte. Bis es so weit war, haben die Wölfe gespielt und sich Schwarzbeeren von den Büschen heruntergezupft. Das heißt auch, für mich war mehr oder weniger klar: Sie sind hungrig!

Aber dann musste ich dran denken, was einer von den einheimischen Heiltsuk-Indianern, der der Scout von unserem Forschungsteam war, gesagt hat. Unser Teamleiter, Chris, wollte immer, dass wir Tarnkleidung tragen, damit uns die Tiere bloß nicht entdecken. Also sind wir meistens erdfarben herumgerannt. Und unser Indianer kam mit einem neon-orangen Overall! So richtig: Puff! Und Chris hat ihn gefragt: »Ja, wieso das?« Da sagt er: »Wölfe sind ehrliche Tiere. Du möchtest ja auch nicht, dass sich jemand an dich anschleicht.«

Deswegen habe ich mich da ganz offen auf die Wiese gelegt; hab dann am Abend, bevor's langsam dunkel wurde, noch beobachtet, dass die Wölfe – es war ja ein ganzes Rudel – eines von den älteren Tieren von der Wiese verjagt haben. Und bald darauf sind alle weggelaufen – und nicht mehr zurückgekommen, bis es dunkel war.

Nur haben sie halt ein Junges gehabt, das nicht nachgekommen ist. Deshalb war ich mir sicher: Die kommen auf jeden Fall wieder zurück. Denn wenn da ihr Junges ist, werden sie's auch irgendwann wieder holen.

Das Kamerateam ist dann über Nacht zurück zur nächsten

Bucht, wo Jean-Marc geankert hatte. Das war mir auch fast lieber. Ich hab nur gesagt: »Bringt mir bitte in der Früh einen heißen Kaffee.« Und dann hat's *so* zu regnen angefangen! Ich war dort im Biwaksack, total durchnässt und kalt und hab hin und wieder das verwaiste Junge heulen gehört – sehen konnt ich's nicht, denn es war schwarz und die Nacht wirklich pitschdunkel – und, tja, irgendwann bin ich dann doch eingeschlafen.

Das Nächste, was ich mitgekriegt habe, war, dass die Sonne gekommen ist. Der Regen hat aufgehört. Die aufgewärmten, trockenen Kameramänner waren wieder da, haben schon ihre Kamera aufgebaut in einiger Entfernung … Und was dann passiert ist – das kannst du nicht planen, darauf kannst du nicht hoffen, das kannst du nicht einmal erträumen: Ich war immer noch bei dem gleichen Spot. Bin mitten auf der Wiese gesessen. Hab immer wieder mit meinem kleinen Fernglas den Waldrand abgescannt; aber hab trotzdem erst gar nicht gesehen, dass da was ausm Wald rauskommt. Das hat mir erst hinterher der Kameramann gezeigt. Es war die Leitwölfin. Und gleich danach kam ein schwarzer Wolf. Der Leitrüde.

Und die beiden haben sich jetzt langsam angenähert. Wobei *er* sich sehr nach *ihr* gerichtet hat, immer wieder zu ihr rübergeschaut hat. Die First Nations, wie die Einheimischen oder die Indianer in Kanada genannt werden, leben ja sehr verbunden mit dem Wolf. Bis hin zu Ähnlichkeiten in der Familienstruktur. Die besteht aus einem Matriarchat wie bei den Wölfen. Man denkt ja oft, der Leitwolf ist der Boss. Aber er ist in erster Linie der, der körperlich stärker ist. Die Frechere oder die Bestimmtere, so vom Charakter her, ist die Leitwölfin. Das sieht man immer wieder: Die wichtigen Entscheidungen trifft sie. Und diese zwei sind jetzt also näher und näher gekommen.

Und man hat ja manchmal intuitive Eingebungen. Zuerst bin

ich gesessen. Aber dann hab ich gedacht: »Ich glaub, jetzt würde es passen, wenn ich mich hinleg.« Auch wenn ich gewusst hab, dass eine unserer menschlichen Waffen – Waffen in dem Sinn, dass wir damit in gewisser Weise für Wölfe unattraktiv werden – die aufrechte Haltung ist. Denn die passt nicht in ihr Beuteschema und schon werden wir ein bissel abgehakt.

Eine andere Waffe sind unsere Ausdünstungen. Wölfe haben eine viel feinere Nase als wir. Und wenn man bedenkt, was wir im Lauf unseres Lebens zusammenfuttern, auch an Chemie: Für die Wölfe *stinken* wir. Aber ich war halt zu dem Zeitpunkt schon wochenlang im Regenwald. Hab fast nur Lachs gegessen. Von daher waren meine Ausdünstungen wahrscheinlich nicht so extrem wie bei einem Stadtmenschen, der gerade von McDonald's kommt.

Und schlussendlich: unser Intellekt. Der sollte uns eigentlich auch helfen. Aber indem ich mit dem Hinlegen eher meiner Intuition gefolgt bin, habe ich auch diese Waffe abgelegt.

Trotzdem war die Leitwölfin weiter vorsichtig. Ich hab gesehen, dass sie im Zwiespalt war. Während ihr Schwanz ihre Verunsicherung angezeigt hat, hat sie intensiv an mir herumgeschnüffelt. Sie wollte wirklich wissen, was für ein Wesen da plötzlich in ihrem Wohnzimmer sitzt oder – in dem Fall – liegt.

Ich weiß noch: Ich kann sie riechen. Ich spüre den weichen Boden, der mit jedem ihrer Schritte vibriert – das ist so ein richtig mit Wasser vollgesoffener Boden –, und dann spüre ich ihre Barthaare in meinem Gesicht. Alles war extrem ruhig. Es gab kein Knurren – das Einzige: Sie hat mich einmal ein bissel provoziert. Und zwar, indem sie gescharrt hat. Sie wollte testen, was ich tue – oder umgekehrt gesagt: Sie wollte mir zu verstehen geben, dass das *ihr* Revier ist; denn das ist ein territoriales Zeichen, wenn Wölfe mit dem Vorderlauf scharren.

Aber ich hab darauf nicht reagieren müssen. Denn mir war

klar: Es geht um gegenseitiges Vertrauen. Ich kann ja nur dem Lebewesen vertrauen, mit dem ich mich beschäftigt habe. Von dem ich ein bissel was weiß. Und ich glaube auch, dass, wenn man spürt: da schenkt mir wer Vertrauen – da mache ich jetzt keine Unterschiede zwischen Mensch und Tier –, dann macht mich das stark, und dann brauche ich keine Ersatzhandlungen auszuführen. Zum Beispiel solche, die auf Aggression aufbauen. Ich muss nicht angreifen. Weil ich weiß, ich bin stark.

Und deshalb hat die Leitwölfin mich – nach einiger Zeit, in der nur sie und der Leitrüde in meiner Nähe waren – für ungefährlich befunden und sozusagen grünes Licht für ihren Nachwuchs gegeben. Worauf die drei Einjährigen von hinten aus dem Wald herausgekommen sind.

Und das war halt etwas, was ich bis dato nicht kannte. Dass Wölfe nahe an mich herankommen, das kannte ich. Entweder, weil sie an mich gewöhnt waren, so wie das Rudel ein paar Wochen zuvor, oder weil Wölfe dort, wo sie Menschen nicht erwarten, auch sehr wohl richtige Träumeleins sein können. Sie haben nicht, so wie wir glauben, ständig alle ihre Sinne offen und erkennen und erschnuppern alles sofort. Es ist mir oft passiert, dass sie, wenn der Wind anders gestanden ist, direkt weiter auf mich zugelaufen sind, während ich sie schon lange gesehen hab. Aber dass sie mich derart zügig akzeptieren, ohne lange Gewöhnung, nur durch Begutachtung, das war für mich was ganz Besonderes. Mein Gefühl für Zeit war in dem Moment schon komplett weg. Alle anderen Sinne, alle neuronalen Verbindungen, haben nur so gefeuert. Aber der Zeitsinn – wenn's so was gibt –, der war total weg. Ich wusste nicht mehr, wie lange ich da sitze. Irgendwann hatte ich mich nämlich aufgesetzt – langsam, alles langsam –, was auch gleich registriert wurde. Die Wölfe haben kurz innegehalten und zu mir rübergeschaut. Aber das war gleich wieder okay.

Ich bin überhaupt nur deswegen aufgestanden, weil ich gemerkt habe, dass es schon wieder dunkel wurde – und ich wusste, dass Wölfe dann frecher werden. Weil sie einfach viel besser sehen als wir; und ich fang dann vielleicht an zu stolpern, mache – im Empfinden der Leitwölfin – eine plötzliche Bewegung, und dann *kann* sie nicht anders als anzugreifen. Sie hat nicht mehr die Möglichkeit, sich im Rahmen der klassischen *Fight-or-flight*-Reaktion zu entscheiden. Sie hat nicht mehr die Wahl zwischen Flüchten und Angreifen. Ich bin einfach zu nah.

Deswegen hab ich gedacht: »So, das lassen wir jetzt lieber«; hab mich also ein bissel aufgerichtet und dabei – wie auch vorher schon – ständig mit ihr geredet. Vielleicht auch mit mir selber. Einfach so in die Luft geredet. »Hey, it's all good. Sorry, that I'm here. Don't worry.« Die Einheimischen da an der Westküste hatten mir nämlich erzählt, dass die älteren Frauen oft neben den Grizzlybären Beeren sammeln und dabei halt mit ihnen reden.

Und dann bin ich – ganz langsam! – weggekrochen, fast auf allen vieren, mit meinem Rucksack hinten drauf; bloß nicht aufrecht; da hätte ich's für möglich gehalten, ich verstöre sie, da wäre ich einfach *zu* andersartig gewesen. Das wäre wieder dieses Überraschungsmoment gewesen, das der Wolf nicht mag. Und deshalb: runde Bewegungen! Hab einfach immer weiter vor mich hin geredet: »Ich geh jetzt«, »weil's halt spät ist« und »ich seh jetzt dann bald nix mehr«. Und so weiter.

Die Kameraleute haben in diesem Moment echt Angst um mich gehabt. Sie haben immer wieder überlegt, was sie tun können, wenn die Wölfe mich anfallen. Haben aber gemerkt: Sie sind zu weit weg. Da war der Fluss dazwischen. Und dann noch einmal eine Wiese und schließlich der Wald, in dem sie versteckt waren. Aber das Interessante war, dass sich für mich alles ganz anders angefühlt hat. Weil einfach jeder Schritt – alles, was die Wölfe gemacht haben – ihre *eigene* Entscheidung war. Und ich hab sie durch mein Verhalten nicht zu anderen Entscheidungen gedrängt. Weil ich ihnen vertraut hab. Im Endeffekt ist das also eine Geschichte von Vertrauen. Und von Einsicht. Und das ist für mich das Wertvollste, was ich aus dieser Begegnung mitgenommen hab: dass Wölfe, die höchstwahrscheinlich noch nie Erfahrungen mit Menschen gemacht haben – weder im Positiven noch im Negativen –, uns wohlgesinnt sind. Dass sie uns gegenüber nicht aggressiv sind. Oder uns als Beutetier ansehen.

Mit den Vögeln in den Süden

Erzählt von Markus Unsöld, München

Als ich 1994 meinen ersten Waldrapp im Münchner Tierpark bewusst gesehen hab, dachte ich: »Mein Gott, was ist das für ein hässliches Viech!«

Nach ein paar Besuchen hat mir Burschi – so hieß seltsamerweise das handaufgezogene Waldrapp-Weibchen – eine Feder als Balzgeschenk gebracht. Von da an waren wir sozusagen befreundet. Sie hat mich jedes Mal begrüßt und sich kraulen lassen. Und auf einmal war sie natürlich gar nicht mehr hässlich. Durch den Kontakt mit ihr hab ich dann sogar begonnen, mich für die Art an sich zu interessieren. Über ein Praktikum bin ich 1999 mit Johannes Fritz in Kontakt gekommen. Der hat 2001 das Waldrappteam gegründet, bei dem ich seit 2003 mitarbeite. Das ist ein Projekt zur Wiederansiedlung des Waldrapps als Zugvogel. Das Problem ist nämlich, dass er weltweit vom Aussterben bedroht ist. Bei uns ist er um 1630 ausgerottet worden. Und wir versuchen jetzt eben, wieder eine ziehende Kolonie aufzubauen. Denn das ist das nächste Problem: dass der Waldrapp zwar ein Zugvogel ist, seine Zugroute und sein Wintergebiet aber erst lernen muss. Deshalb übernehmen wir sozusagen die Rolle zugerfahrener Artgenossen und zeigen Jungvögeln mithilfe von Ultraleichtfluggeräten den Weg in ein Gebiet in der Toskana, wo sie überwintern können.

In den ersten Jahren sind wir dabei aus heutiger Sicht völlig falsch geflogen. Und zwar hauptsächlich so, dass die Vögel zu viel Strecke *aktiv* fliegen mussten. Was sie freiwillig eher nicht machen würden. Vor allem zum Aufbau von Höhe nutzen sie lieber die Thermik oder sonstige Windunterstützung. Deshalb haben wir's bis 2007 auch nie wirklich geschafft, über die Alpen zu kommen.

2008 war ich dann zum ersten Mal selber Ziehvater. Das heißt, dass man Waldrappnestlinge per Hand aufzieht, um eine möglichst enge Bindung aufzubauen, weil sie einem ja jederzeit folgen müssen, wenn man in Richtung Wintergebiet unterwegs ist. Und in dem Jahr ging's zum ersten Mal östlich um die Alpen herum. Über Slowenien. Berge hat man da zwar auch, aber die sind wenigstens nicht ganz so hoch.

Zuerst müssen die Vögel sich natürlich an das Fluggerät gewöhnen. Das Training fängt schon damit an, dass sie – wenn sie noch ganz klein sind – Fluggeräusche vom Band vorgespielt kriegen, damit sie das später positiv assoziieren. Wir fliegen mit einem speziell für das Projekt umgebauten Ultraleichtflugzeug, einem Paraplane. Vorne sitzt der Pilot und hinten eine der beiden Ziehpersonen. Getragen wird das Ganze von einem riesigen Gleitschirm. Der hat den Vorteil, dass wir damit sehr langsam fliegen können, sodass die Vögel mithalten können. Der Nachteil ist, dass dieser Schirm sich beim Start hebt, sich aufbläht, größer wird – was die Vögel anfangs total erschreckt. Da müssen sie sich erst dran gewöhnen.

Und nach viel Training am Boden versucht man dann den ersten gemeinsamen Flug. Beim ersten Mal fliegt da allerdings meistens niemand mit. Die sind da noch derart geschockt! Man fliegt zuerst auch nicht weit weg, sondern bleibt noch in Sichtweite, damit die Vögel, wenn das Gerät wieder steht, zu einem herkommen können. Und dann probiert man halt, das immer mehr auszudehnen. Bis es irgendwann losgeht in Richtung Wintergebiet.

Mit Vögeln zu fliegen! – das war für mich jedes Mal ein unglaubliches Erlebnis. Noch dazu, wenn man einen persönlichen Bezug zu ihnen hat. Das ist fast wie bei Nils Holgersson und den Wildgänsen. Man zieht mit seiner Gruppe in den Süden – oft als Spitze der Formation – und die Vögel halten sich ganz nah bei einem auf und reagieren auf einen. Manchmal fliegen sie auch voraus, sodass es aussieht, als würden wir ihnen nur folgen; aber sie drehen immer wieder den Kopf und gucken, ob man noch da ist, und reagieren auch sofort, wenn man in eine andere Richtung fliegt.

In dem Jahr – 2008 – ging's allerdings gleich schlimm los. Bisher war nie etwas passiert, sodass wir auch keinen Schutzkorb um den Rotor angebracht hatten. Aber diesmal kam schon beim ersten Flug ein Vogel in den Rotor. Einer von meinen Lieblingsvögeln, der Siri. Dem wurde die eine Hand abgehackt. Er segelte runter, lebte noch, hatte aber so schwere Verletzungen, dass er zwei, drei Tage später starb. Das war für mich ein ziemlicher Schock. Ich glaube, jeder, der mal Vögel aufgezogen hat, kann das nachvollziehen: Es sind einfach Individuen. Keiner ist wie der andere. Manche sind eher zurückhaltend. Manche sind völlig unkompliziert. Wir hatten ein Geschwisterpaar – JoDi und Wiedsche –, die sahen fast identisch aus. Aber vom Charakter her: *Welten* dazwischen! Oder wenn einem einer auf dem Kopf gelandet ist: Julio! Das war sein Tick.

Die Einzigartigkeit eines jeden Vogels wird einem immer wieder bewusst. Ich kann mich noch gut erinnern: Einmal fliegt die Gruppe vielleicht so zwanzig Meter neben mir; plötzlich schert die Luca aus der Formation aus, kommt zu mir, direkt ans Fluggerät, grüßt mich, mit diesem typischen Kopfnicken, bei dem der Schnabel hoch und runter geht, fliegt ungefähr eine Minute mit mir mit, so nah, dass sie gerade noch mit den Flügeln schlagen kann, ohne mich zu berühren, und kehrt dann wieder zurück in die Formation.

Und was halt bei all diesen Flügen unglaublich auffällig war: Die Vögel nutzen hinsichtlich Windströmungen und Thermik alles aus, was geht. – Dazu gibt's eine Geschichte, die nur ein paar Tage später passierte. Das werde ich nie vergessen. Wir konnten an dem Tag erst relativ spät starten. Und in den ersten Jahren flogen wir halt noch grundsätzlich außerhalb der Thermik, weil wir Angst hatten: Wenn die Vögel in einen sogenannten Thermikschlauch reinkommen – wusch! –, sind sie weg und wir verlieren sie. Dann kamen wir, beim Anflug auf den Apennin, aber tatsächlich mal in so eine Thermik. Die Vögel kreisten hoch. Und zwar so schnell, dass innerhalb von Sekunden nur noch Pünktchen zu sehen waren. Aber dann fingen wir einfach auch an zu kreisen. Und als der erste oben aus dem Thermikschlauch raus war, flogen wir ebenfalls weiter. Mit der Zeit kamen sie dann wieder her, warteten auf die nächste Thermik – und waren wieder weg. Die fliegen so energieeffizient, wie's geht. Schlagen dabei kaum mit den Flügeln.

Aber irgendwann kam der Alex mit den Flügeln in die Seile des Schirms und stürzte ab. Das gibt's hin und wieder; meistens fallen die Vögel seitlich weg und fangen sich wieder. Alex dagegen kam mit beiden Beinen in eine Verstrebung und hing auf einmal über mir, Kopf nach unten, mit hängenden Flügeln – er hing da wie tot, hatte allerdings die Augen weit offen. Und weil ich ihn nicht erreichen konnte, dachte ich natürlich, dass wir jetzt notlanden müssten. Walter, unser Pilot, hatte eine andere Idee. Er hat den Motor ausgestellt, hat sich abgeschnallt, sich auf den Sitz gestellt und den Alex losgemacht! Dann hat er ihn mir auf den Schoß gesetzt und hat gesagt: »Guck ihn durch, ob er okay ist. Wenn ja, schmeiß ihn raus, weil ich gern wieder den Motor anlassen würde.« Wir sind bestimmt eine halbe Minute führerlos gesegelt!

Ich hab ihn dann – nachdem ich ihn kontrolliert hatte – tatsächlich rausgeschmissen. Wobei mir schon ein bisschen unwohl war, weil, ich wusste ja nicht: Steht er unter Schock, fliegt nicht und stürzt mir vielleicht ganz ab? Aber er fing gleich an, mit den Flügeln zu schlagen, und hielt sich für den Rest des Flugs *ganz weit* vom Fluggerät entfernt.

2009 war ich noch mal Ziehvater. Das letzte Küken, das wir in dem Jahr bekamen, war GoJa – benannt nach Jane Goodall, die ich sehr bewundere und die uns erst im Jahr zuvor besucht hatte. GoJa war anfangs sehr schwach und wollte einfach nicht fressen. Ich musste ihr immer den Schnabel leicht öffnen, um ihr irgendwie das Futter mit dem Finger reinschieben zu können – und ich denke, dass sich dadurch eine besondere Bindung zwischen uns ausgebildet hat.

Das Jahr war dann aber erst mal wettermäßig eine herbe Enttäuschung. Wir konnten kaum Trainingsflüge machen. Die Vögel lernten praktisch erst während der Migration, wie sie mit uns fliegen müssen. Entsprechend schwierig waren die ersten Flüge. Einmal war die Gruppe von elf Vögeln eigentlich vollzählig dabei, ist aber nicht zuverlässig mitgeflogen. Nach einer Stunde waren auf einmal alle weg! Was normalerweise kein Grund zur Panik ist, weil sie in solchen Fällen meist zum letzten Startpunkt zurückfliegen. Da kann man sie dann wieder einsammeln. In dem Fall war's aber so, dass nur zehn von elf Vögeln umgekehrt waren. GoJa war nämlich immer noch dabei. Ich hab sie zuerst gar nicht gesehen, hab aber dann doch mal hochgeguckt – und da war sie. Und ist dann auch bis zur Landung mit uns mitgeflogen. Was bei einem Vogel, der sonst alles in der Gruppe macht, natürlich ein riesiger Vertrauensbeweis ist. Denn wenn der ganze Schwarm abhaut, wär's eigentlich normal gewesen, dass sie hinterherfliegt.

Aber es geht noch weiter: Nach einer Stunde bekamen wir den

Anruf, dass alle anderen Vögel wieder am Startpunkt gelandet waren. Ich ließ also GoJa bei Arvid, dem anderen Ziehvater in diesem Jahr, und Martin – ein weiterer Kollege von mir – fuhr mit mir los in Richtung Startpunkt. Zehn Minuten später kam wieder ein Anruf: »GoJa ist jetzt auch weg.« Sie hat vermutlich *mich* gesucht. Also sind wir erst mal weiter zum Startpunkt gefahren, ich hab die Vögel eingepackt und dann auf GoJa gewartet. Sie kam aber nicht. Hab ich Johannes angerufen, unseren Projektleiter: »Ruf doch mal beim *vorletzten* Startpunkt an.« Sagt er: »Nein, das hat bisher noch kein Vogel gemacht.« Bisher! Jetzt aber war es genau so. GoJa war am vorletzten Flugplatz gelandet, ist an dem Tag also unglaublich weit geflogen.

Ich bin dann mit Martin sofort dahin gefahren – es war kurz vor Dämmerung – und hab sie schon von Weitem auf dem Flugfeld gesehen; bin aus dem Auto ausgestiegen, auf sie zugelaufen und sie ist gestartet und mir direkt in die Arme geflogen. Das war so unglaublich schön! – dass sie *so* ein Vertrauen hatte und sich so freute. So was macht ein Vogel normalerweise nicht. Die landen einem vielleicht mal auf der Schulter oder auf dem Kopf – aber GoJa war einfach in jeder Beziehung ein Wahnsinnsvogel.

Tja, und dann war das tatsächlich das erste Jahr, in dem alle Vögel, die gestartet waren, auch am Ziel angekommen sind. Es hat zwar recht lang gedauert, aber wir haben sie alle runter in die Toskana gebracht. Dort endet dann erst mal die Arbeit der Zieheltern. Wenn die Vögel sozusagen entwöhnt und in die Gruppe der Wildvögel integriert sind, ziehen wir uns zurück.

2010 hat GoJa sich dann nur in Italien aufgehalten. Und im April oder Mai 2011 war sie auf einmal weg. Und »weg« heißt in dem Fall halt oft: Abschuss. Am 28. Juli rief Johannes bei mir an und sagte: »Du glaubst nicht, was passiert ist.« Und zwar waren Kollegen in Burghausen – dem Startpunkt der letzten Jahre – gerade dabei gewesen, Jungvögel zu besendern. Plötzlich sitzt ein Waldrapp mit zwei goldenen Ringen am Fuß auf der Voliere. Und das war GoJas Ringkombination! An der war sie gleich zu erkennen …

Damit war GoJa der erste Vogel, der zurückkam. Der erste Projektvogel überhaupt, der aus der Toskana zurück ins Brutgebiet geflogen ist. Wir haben natürlich gleich gesagt: »Okay, fahren wir nach Burghausen.« Und da war sie dann tatsächlich. Sie ist mir auch gleich wieder entgegengeflogen, hat sich durchkraulen lassen …

Eine Woche später kam der Bayerische Rundfunk zu einem Dreh vorbei. Da sollte nachgestellt werden, wie GoJa zurückkommt, wie man ihr den Sender runtermacht – den wir bei der Gelegenheit gleich aufladen und ihr abends wieder draufmachen wollten. Aber dann war GoJa auf einmal verschwunden. Und die drei Jungvögel waren auch nicht mehr da. Die vier waren Richtung Süden geflogen. GoJa hatte also ausgerechnet in dem Moment das umgesetzt, was wir uns erhofft hatten: dass zugerfahrene Vögel den Jungvögeln den Weg ins Wintergebiet zeigen.

Zum Glück hatten wir wenigstens die Positionen der Jungvögel, weil sie funktionierende Sender drauf hatten. Also haben wir gesagt: »Wir müssen morgen ganz früh losfahren, bevor sie wieder starten.« Weil, zum Übernachten bleiben sie sitzen und fliegen erst los, wenn's wieder hell ist.

Am nächsten Tag war's sehr regnerisch – und wie wir da angekommen sind, sitzen tatsächlich vier Waldrappe auf einer Stromleitung. Ich hab GoJa gerufen und sie ist auch gekommen und die Jungen sind hinterher. Das Problem war nur: Die Jungen waren von den Eltern aufgezogen und von daher total scheu. Und irgendwie hat sich GoJa davon anstecken lassen und alle sind erst mal wieder hochgeflogen und haben sich wieder auf die Stromleitung gesetzt. Beim nächsten Versuch kam sie dann alleine – und ich hab sie nehmen können und Michael, ein Kollege aus Wien, hat den Sender draufgemacht. Wobei so ein Sender nicht nur eine Art Lebensversicherung für jeden Vogel ist, weil wir dadurch wissen, wo er sich aufhält, sondern auch Informationen über das Zugverhalten liefert. Die größte Überraschung war zum Beispiel, dass GoJa und die anderen direkt über die Alpen zurück nach Norden geflogen waren, obwohl wir sie hinwärts außenrum geführt hatten. Waldrappe müssen also nicht die Route nehmen, die man ihnen zeigt, sondern können navigieren. So wie es aussieht, brauchen sie nur einen Startpunkt und einen Zielpunkt und müssen einmal geflogen sein. Den Rest können sie selber berechnen.

Wir haben GoJa dann nach dem Wechsel des Senders wieder fliegen lassen. Aber ein paar Wochen später war das Ding schon wieder fast leer und ich bin mit der Sinja, einer weiteren Kollegin, nachts zu GoJas Schlafplatz gefahren – sie ist wieder auf einer wahnsinnig hohen Stromleitung gesessen – und hab sie am Morgen gerufen. Sie ist auch gleich gekommen ... Und das ist schon unglaublich: Du stehst irgendwo mitten in der Pampa und rufst, und ein freilebender Vogel kommt runtergeflogen zu dir. Wodurch man auch den Sender wieder ganz leicht wechseln konnte.

Im nächsten Frühjahr hat GoJa dann drei Jungvögel aufgezogen. Aber im Oktober hat auf einmal Johannes angerufen und ganz niedergeschlagen gemeint: »GoJa ist geschossen worden.« Sie war gerade mit einem ihrer Jungen in Italien unterwegs gewesen, mit Jedi ... Aber kurz vor dem Ziel waren sie in ein Gebiet geraten, wo schon öfters Waldrappe verschwunden sind. Deshalb war Anne, eine der jetzigen Ziehmütter, auch schon unterwegs, um die beiden einzufangen. Spätabends hatte sie noch die Position am Laptop gesehen und wollte am nächsten Morgen gleich dorthin. Aber dann sind die beiden schon ein bisschen früher weitergeflogen, und Anne kam eine halbe Stunde zu spät. Sie hat die beiden noch lebend gefunden; ein Jäger hatte sie geschossen und liegenlassen – obwohl sie nicht tot waren. Er hatte eigentlich nur einen Taubenjagdschein und hat auch behauptet, er hätte sie für Tauben gehalten. Aber das ist bei so großen Vögeln mit eineinviertel Metern Spannweite und derart langem Schnabel und Hals schon sehr unglaubwürdig.

Aber so blöd es sich anhört: Fürs Projekt hat der Abschuss dann doch noch was gebracht, denn wir haben dadurch zum ersten Mal einen Wilderer auf frischer Tat ertappt. In Italien wurde über den Fall groß berichtet. Der Jäger ist wegen Wilderei verurteilt worden, hat Berufung eingelegt und ist von höchster Instanz noch mal schuldig gesprochen worden. Da wird's jetzt auch noch einen Zivilprozess geben, bei dem's um eine fünfstellige Summe gehen wird; damit's richtig wehtut und hoffentlich ein Umdenken einsetzt.

Geißenland

Erzählt von Maria Anna Müller, Pfyn / Schweiz

Ich habe Rolf bei einer Wanderung am Valle di Lei kennengelernt. Er hatte sich nach x Jahren erlaubt, im Sommer mal ein paar Tage freizunehmen – und seine Tochter hat auf die Schafherde auf der Alp aufgepasst. Das war vor neun Jahren. Seitdem sind wir jeden Sommer zu zweit auf der Alp.

Das Ganze liegt zwischen 2300 und 2600, 2700 Metern. Ein sehr großes, weitläufiges Gelände. Wirklich eine Riesen-Alp. Und neben den Schafen haben wir immer auch ein paar Geißen dabei, weil wir die Milch für unseren eigenen Bedarf brauchen. Und diese Geißen haben es mir von ihrem Wesen her einfach angetan. Sie sind ganz anders als Schafe. Ich mag Schafe auch. Aber es sind völlig andere Tiere. Geißen sind pfiffig und frech. Auch sehr eigen. Was ich zuerst natürlich alles lernen musste – noch dazu den ganzen Umgang mit ihnen, das Melken … Die wichtigste Regel war: »Ich muss darauf achten, dass ich der Chef bin.« Es sind eben Herdentiere. Geißen müssen immer ausfechten, wer das Leittier ist. Das Leittier muss sozusagen den Tarif durchgeben. Es wird aber auch immer wieder angefochten. Wenn ich also mit einer Geißenherde zu tun hab – und sei's nur ne kleine –, muss ich mich erst mal mit der Leitgeiß gut stellen. Ich darf sie allerdings auch nicht machen lassen. Sie muss mir folgen. Weil, sonst machen die, was sie wollen. Deshalb hat mir Rolf beigebracht: »Du darfst so grob sein, wie's die Geißen auch untereinander sind.« Das heißt, ich musste mein Verlangen, nett zu sein, zurückstellen und musste lernen, dass es von meiner Seite aus eine ordentliche Grenze braucht. Und da hat Rolf mir den Tipp gegeben: »Wenn eine Geiß eine andere zur Räson bringen will, beißt sie ihr in die Ohren.« – Ich muss ja auf der Alp melken, ohne dass mir jemand dabei hilft. Aber meine erste Geiß, die auch gleichzeitig die Leitgeiß war, hat gezappelt und gemacht – sie ist einfach nicht ruhig gestanden. Und dann hab ich mich zwar nicht getraut, ihr ins Ohr zu beißen – aber ich hab ihr das Ohr *umgedreht*. Und mir gedacht: »Oh, bin ich gemein!« Aber dadurch war's klar. Ab dem Zeitpunkt ging's.

Oder was ich auch lernen musste: Wenn ich den Geißen Brot gebe – das mögen sie total gern, trockenes Brot: Du darfst nie den nachrangigen Geißen das Brot zuerst geben. Du musst immer zuerst der Leitgeiß was geben. Die Hierarchie, die diese Tiere untereinander haben, gilt es zu befolgen.

Nach zwei Jahren habe ich dann von Rolf zu Weihnachten eine besondere Geiß gekriegt – Anna. Sie war damals ein gutes halbes Jahr alt. Also noch ein Gitzi, ein etwas größeres Jungtier. Von der Rasse her eine Bündner Strahlengeiß. Schwarz und weiß die Zeichnung. Ein ausgesprochen schönes Tier. Sehr feingliedrig und elegant. Ich habe inzwischen noch eine andere Bündner Strahlengeiß. Wanda. Wenn man die beiden nebeneinander sieht, merkt man erst, wie fein vor allem das Gesicht von Anna ist. Und diese Anna – ich hab gleich am Anfang gesagt: »Du bist meine Zirkusgeiß!«, weil ihr immer noch irgendwas eingefallen ist, was sie anstellen kann oder wo sie noch rumhüpfen kann. Dazu will ich eine Geschichte aus ihrer ersten Alpsaison erzählen.

Wir gehen meistens um den 20. Juni auf die Alp. Und dort gehen die Geißen jeden Morgen ihrer Wege. Sie sind nicht angebunden, sondern frei unterwegs; kommen aber in der Regel von selber wieder zurück in den Stall. Wenn sie bis am Abend nicht da sind, suche ich sie. Und an einem Abend Anfang Juli sind alle anderen gekommen – nur Anna war nicht dabei. Ich hab gleich gedacht: »Oh, das ist *nicht* gut«, aber es kann schon mal vorkommen. »Vielleicht ist sie noch irgendwo am Rumhüpfen« – hab also einfach mal abgewartet; aber sie ist nicht gekommen.

Dann hab ich an dem Abend noch gesucht, bis es dunkel geworden ist. Bin alle Geißenwege gegangen, die ich gekannt hab. Hab alles mit dem Feldstecher abgesucht. Nix zu machen. Also hab ich mir gesagt: »Okay, am nächsten Morgen, wenn die anderen Geißen gemolken sind: Vielleicht gehen sie dorthin, wo sie Anna verloren haben.« Aber – nicht gefunden.

Dann hab ich den ganzen Vormittag lang weitergesucht – mit dem Feldstecher auch noch. Das ganze »Geißenland« abgesucht. Ich sag zu dem Gelände, wo sie sich gern aufhalten, Geißenland. Da kenne ich mittlerweile die Punkte, von denen aus ich sehr viel einsehen kann. Hab da zuerst auf gleicher Höhe geschaut. Dann von oben her. Und auf einmal dachte ich: »Da ist sie.« Ich hab den Kopf gesehen. Ganz kurz nur. Bin dort hingelaufen – keine Geiß! Hab gerufen – keine Antwort. Auch kein Glöckle gehört. Unsere Geißen haben immer kleine Glocken um, damit wir wissen, wo sie sind. Aber wieder: Nix zu machen! Dabei war ich mir sicher, dass sie's war!

Also bin ich wieder zurück an die Stelle, von wo aus ich sie gesehen hatte; noch mal ne halbe Stunde geguckt. Und wieder: »Da ist sie!« Ich hab den Kopf gesehen. Bin wieder dorthin – nicht gefunden!

Dann hab ich Rolf angefunkt. Wir sind meistens über Funk in Kontakt. Von der Stelle aus, wo er mit den Schafen war, konnte er das Gebiet sehr gut mit dem Feldstecher einsehen. Und hab ihn gebeten, er soll doch heute den ganzen Tag über mit dem Feldstecher suchen. Damals hatte er sogar noch einen Praktikanten dabei. Nick. Der hat auch gesucht. Nicht gefunden.

Und ich bin dann immer wieder losgezogen – wieder zurück – andere Richtung … Bis ich schon gedacht hab: »Das hab ich mir eingebildet. Die war da gar nicht.«

Am Abend sind die anderen Geißen heimgekommen. Wieder ohne Anna. Da war ich schon am Verzweifeln. Am nächsten Tag hab ich gesagt: »Ich geh zur unteren Hütte.« Bei uns gibt's eine obere und eine untere Hütte. Die sind eine gute Stunde Gehzeit auseinander. Zur unteren Hütte gehe ich meistens nur, wenn ich Post hole oder Müll runtertrage. Wenn ich allerdings Geißen suche, dann *muss* ich runter, weil es da einen Punkt gibt, von dem aus ich die ganze Felswand, das ganze Geißenland, sehr gut einsehen kann. Deshalb hab ich mit Rolf ausgemacht: Ich schau wirklich die ganze Wand mit dem Feldstecher ab. Und jede Stunde funken wir. Falls *er* was sieht.

Und dann bin ich da unten gestanden und hab eine dreiviertel Stunde lang mit dem Feldstecher gespiegelt, wie's auf Schweizerdeutsch heißt. Auf einmal: »Da ist sie! *Tatsächlich,* da ist sie.« Dann hab ich Rolf angefunkt: »Die Geiß, die steht da. Siehst du sie?« Sagt er: »Nein. Maria Anna, die steht da nicht. Wir spiegeln schon den ganzen Vormittag. Gestern auch. Da ist keine Geiß. Du bildest dir das ein.« Sag ich: »Nein, ich bilde mir das nicht ein. Die *steht* da.« Da hat er gesagt: »Na ja, also, die müssten wir doch sehen!« Sag ich: »Denk ich auch. Aber das ist so verzwickt dort: Wahrscheinlich *könnt* ihr sie nicht sehen.«

Dann hab ich gesagt: »Ich merk mir jetzt genau« – sozusagen von der Felsformation, von der Färbung her –, »wo das ist, und geh von der Hütte direkt« – das ist ein relativ schwieriger Weg – »da hoch, und dann funken wir wieder.«

Daraufhin bin ich den ganzen Weg da rauf. Bin dann quer gegangen – es gibt da einige Felsbänder, die sich waagrecht durchziehen –, war letztendlich an der fraglichen Stelle und – keine Geiß! Hab ich gedacht: »Also, das ist ja wie verrückt! Ich spinn!« Dann hab ich mich eine Stunde dort hingesetzt und hab gerufen. Immer wieder. Gehorcht. »Wenn sie sich bewegt, hör ich's Glöckle.« Nichts! Nichts! Nichts!

Bin wieder zur Hütte zurück. Mittagessen gemacht. Und hab dann wieder Rolf angefunkt – normalerweise bringe ich ihm das Mittagessen zu den Schafen – und hab gesagt: »Ich bring heut kein Mittagessen. Ich muss noch mal suchen gehen. Das halte ich nicht aus.« Bin dann noch mal losgezogen mit Fernglas, Verbandmaterial, falls sie verletzt gewesen wäre; was zum Schienen hab ich mitgenommen, Strick hatt' ich dabei ... Wieder alles abgesucht. Nichts gesehen!

Also hab ich mich in der Nähe der Stelle, wo ich sie vermutet habe, ins Gras gesetzt und hab gedacht: »So, und ich bleib jetzt ruhig hier sitzen.« Und hab immer wieder gerufen. Der Lockruf ist: »Gitz-Gitz-Gitz-Gitz-Gitz! Giiiitz-Gitz-Gitz-Gitz-Gitz! Anna!« Ich glaub, das waren bestimmt eineinhalb Stunden. Auf einmal hat sie geantwortet! Aber ganz schwach. Hab ich mir gedacht: »Oh nein, die ist ja total verzweifelt. Die steht ja schon zwei Tage irgendwo. Hat nix zum Fressen ...« Hab mich natürlich auch gefragt: »Okay, wo ist die denn?« Und bin dann an so eine überhängende Kante hin – zuerst auf allen vieren gekrochen, dann auf dem Bauch gerobbt, hab mich runtergebeugt ... Und dann war sie da unten auf einem ganz kleinen Felsabsatz! Zwar nur eineinhalb, zwei Meter unter mir, aber so weit bin ich nicht runtergekommen, es hätte sich jemand abseilen müssen, und sie da mit raufziehen. Und von unten wär's *gar nicht* gegangen.

Also hab ich erst mal versucht, seitlich runterzugehen. Hab aber gesehen: »Ich komm da nicht hin. Da brauche ich Rolf und

Nick. Das müssen wir zu dritt machen.« Ich darf mich ja auch nicht selber gefährden. Das hat ja in den Bergen oberste Priorität, dass man sich nicht selber in Gefahr bringt.

Dann hab ich mir gesagt: »Scheiße«, ehrlich, »das arme Viech!«, hab mich wieder hingelegt auf den Bauch, runtergebeugt: »Anna, tut mir leid, ich kann dir jetzt nicht helfen. Ich bring dich da nicht allein raus, du musst noch ausharren. Ich hol den Rolf.«

Dann bin ich hoch, hab mich noch mal hingehockt und gedacht: »Also wirklich, so ein Mist!« Ich bin ja verantwortlich für die Tiere. Du kannst ja nicht sagen: »Pech gehabt!« Aber dann hab ich den Rucksack aufgeschnallt und bin gegangen. – Und in dem Moment hat die Geiß – wahrscheinlich vor lauter Panik: »Jetzt geht die Maria Anna wieder weg und lässt mich allein« – ihren ganzen Lebensmut zusammengenommen und ist irgendwie, keine Ahnung wie, über den Überhang hochgehupft und zu mir hergekommen.

Jetzt wollte ich sie natürlich erst mal streicheln und umarmen. Aber das war alles nicht wichtig. Das *Gras* war wichtig. Sie hat sich erst mal den Bauch vollgeschlagen. Das hat dann gedauert, bis ich sie am Strick nehmen und mit ihr heimlaufen konnte. Wobei sie am Anfang noch sehr gestresst war. Das siehst du ja in den Augen. Aber dann hast du gemerkt – je näher wir zur Hütte gekommen sind –, wie sie sich gefreut hat und rumgehüpft ist. Und als am Abend die anderen Geißen wiedergekommen sind und Anna die Glöckle gehört hat, hat sie gerufen und ist ihnen entgegengegangen – man hat so richtig gesehen, wie sie zufrieden ist, wieder in der Herde zu sein.

Und seitdem ist das natürlich ein spezielles Verhältnis zwischen Anna und mir. Auch wenn sie nie so eine richtig anhängliche Geiß geworden ist. Da sind andere viel anhänglicher. Sie ist einfach gern für sich. Sie sucht die Nähe auf ihre Art, würde ich sagen. Nicht so augenfällig. Wenn ich zum Beispiel im Winter ein paar Tage nicht im Stall war und zurückkomm', merk ich: Da hat sie einen anderen Ton. Ich interpretier's als Freude. Aber dann fällt ihr wieder was anderes ein und sie ist weg. Sie ist halt schon sehr verspielt.

Was sie zum Beispiel gern macht, ist Reiß- oder Klettverschlüsse an Fleecejacken oder Arbeitshosen aufzumachen. Am liebsten dann, wenn ich mit was beschäftigt bin; wenn ich eine andere Geiß melke. Da weiß sie genau, dass ich mich nicht wehren kann, sondern schauen muss, dass der Melkkessel nicht umfällt. Und bis ich die andere Geiß gemolken habe, hat sie schon sämtliche Verschlüsse offen – und mir nach Möglichkeit noch was aus der Tasche rausgeklaut. Oder wenn ich einen Schal umhab, zieht sie ihn runter und läuft damit davon. Das macht keine andere Geiß. Das macht nur sie.

Und deshalb – obwohl sie's von ihrer Intelligenz und von ihrem Durchsetzungsvermögen her sein könnte – ist sie auch nicht die Leitgeiß. Das interessiert sie gar nicht. Sie hat lieber irgendeinen Blödsinn im Kopf. Man denkt ja auch: »So was wie damals, das passiert ihr nur *einmal.*« Aber sie hat sich immer wieder verstiegen. Ich glaub, jeden Alpsommer einmal. Einfach vor lauter Übermut und Ausprobieren. Mittlerweile weiß ich aber: Meistens kommt sie schon irgendwie wieder raus.

Dann gab's aber auch wieder ein paar dramatischere Ereignisse: Normalerweise wissen die Tiere genau, was sie fressen können und was nicht. Aber manchmal ist die Gier doch zu groß. Deswegen hatte Anna in ihrem zweiten oder dritten Alpsommer mal eine Vergiftung; weil sie zu viele Alpenrosen gefressen hat. Da hab ich echt gedacht, sie stirbt. Ein Wiederkäuer kann sich ja in der Regel nicht erbrechen, aber da hat sie sich erbrochen. Zum Glück hab ich gleich das richtige homöopathische Mittel gefunden. Nux vomica. Da ging's ihr relativ schnell wieder gut.

Aber sonst nehmen Tiere immer genau die richtige Menge zu sich. Gerade bei den Geißen ist das phänomenal, welchen Menüplan sie sich über den Tag verteilt zusammenstellen. Zum Beispiel unsere Hermine – wenn die Brennnesseln gefressen hat: immer nur am Nachmittag! Das ist sehr, sehr ausgewählt. Das machen Kühe auch. Oder Schafe. Aber so selektiv wie die Geißen nicht. Die wissen genau: »Jetzt möchte ich das. Und jetzt das.«

Wir Menschen besitzen diese intuitiven Fähigkeiten ja eigentlich auch. Nur haben wir das zunehmend verlernt: diese ganze Wahrnehmung auf einer anderen Ebene. Und über andere Sinne. Dabei wär' das gerade bei uns so wichtig – erst recht bei unserem Zusammenleben mit den Tieren; denn die Intuition ist ja meine wichtigste Kommunikationsebene mit ihnen. Ich weiß auf der Alp manchmal, wo die Tiere sind, ohne dass ich's eigentlich wissen *kann*. Wenn ich innerlich ganz präsent bin – dann kann ich mich konzentrieren: »Wo sind sie?«, und dann *weiß* ich, wo sie sind.

Ein Beispiel: Wanda – die andere Bündner Strahlengeiß – hatte sich letztes Jahr verletzt. Am Schluss der Saison. Einen Tag vor der Alpabfahrt ist sie nicht mehr bei der Herde gewesen. Da hat Sammy, unser Bock, schon von Weitem reklamiert. Hat gerufen. Und ich hab sofort gewusst: »Mensch, jetzt stimmt was nicht.« Mit dem Feldstecher geschaut: Fehlt eine Geiß! Nur konnte ich wegen der Ähnlichkeit ihrer Zeichnung nicht sagen: Fehlt Anna oder fehlt Wanda?

Dann hab ich die anderen gelockt und gerufen. Und als sie bei mir waren – tatsächlich: Wanda fehlt. Ich bin dann den Weg gegangen, von dem ich dachte: »Na ja, da waren sie heut den ganzen Tag. Jetzt geh ich mal bis da oben durch.« Und hab sie dann auch relativ bald gefunden. Aber eigentlich hätte ich sie gar nicht finden *können*. Sie hatte sich nämlich wegen ihrer Verletzung *so* unten reingeduckt, *so* versteckt … Trotzdem hab ich die weiße Färbung an der Schnauze gesehen! Das heißt: Ich hab's gesehen, weil ich's *gespürt* hab.

Oder – da geht's jetzt weniger um Intuition, sondern um die Schärfung der Sinne, die auf der Alp einsetzt: Ich hab schon in meinem zweiten Sommer gemerkt, dass mein Geruchssinn plötzlich viel stärker war. Ich konnte die Ziegen oft aus sehr weiter Entfernung riechen. Das fand ich *so* ein irres Erlebnis. Ich bin mir selber wie ein Tier vorgekommen. Weil ich einfach gewittert hab. Das machst du ja nicht bewusst. Das kommt von allein.

Genauso das Auge. Ich erkenne oft sofort, dass etwas anders ist im Gelände; obwohl ich gar nicht weiß, *was* es ist. Und mit dem Feldstecher sehe ich dann vielleicht: »Ah, da ist eine Gams« oder »da ist ein Steinbock« oder »da ist ein Felssturz runter«.

So unmittelbar in der Natur zu sein, ist für mich ne sehr stimmige Sache. Speziell auf der oberen Hütte bist du ja sehr eng mit den Tieren. Auch was das Melken betrifft. Du bist dem Tier sehr nah. – Dann die Milch. Das ist für mich was ganz Tolles: Die Milch geschenkt zu kriegen. Und daraus Käse zu machen und mit der Milch zu kochen. So nah zusammen im selben Lebenskreislauf drin zu sein – das ist ein Geschenk von dem Tier. Ich bedank mich auch immer. Wenn ich eine Geiß gemolken hab, sag ich immer: »Danke.« Ich mach diese Arbeit wirklich sehr gern.

Deswegen ist das Ende vom Sommer für mich meistens ne schwierige Zeit. Solange ich auf der oberen Hütte bin, bin ich immer noch Teil dieser ganzen Einheit. Aber wir müssen einfach – meist Ende September, je nach Wetter – von der oberen auf die untere Hütte ziehen. Jetzt im Lauf der Jahre weiß ich: Ich *muss* es so machen. Ich muss rechtzeitig runtergehen, weil – du hast dann da oben nix mehr zu suchen. Du passt da nicht mehr hin. Du gehörst da nicht mehr hin.

Die Schafherde ist zu der Zeit schon meistens im gegenüberliegenden Tal. Im Prasignola. Das ist ein sehr sicheres Tal, falls Schnee kommt. Und letztes Jahr war es dann so: Ich hab die Hütte zum Schluss alleine winterdicht gemacht. Die Geißen merken das auch sehr schnell, dass jetzt der Umzug bevorsteht. Ich denk', das liegt einerseits am Wetter, andererseits an dem, was um die Hütte herum passiert. Du machst ja die Netze, die Zäune weg, und das kriegen die Geißen natürlich mit und sind dann auch selber viel mehr um die Hütte rum. Letztes Jahr haben sie sogar tatsächlich brav gewartet, bis ich die Hütte abgesperrt hatte. Fensterladen zu. Rucksack drauf. Und dann bin ich allein runterzüglet* mit ihnen.

Unten gibt's dann erst mal nur so einen dunklen, alten Stall. Aus Stein. Und das zu wissen, dass ich sie da für die nächsten Nächte einsperr', das ist für mich ganz schwierig. Da fühl ich mich wie ein Gefängniswärter. Aber auch ich selber – da wieder in nem *Haus* drin sein; die untere Hütte ist ja ein richtiges Steinhaus. Ich fühl mich da auch selber wie eingesperrt.

Zum Glück kann ich den Rest der Zeit inzwischen einigermaßen genießen. Manchmal geh ich mit den Geißen auch noch spazieren. Am Tag vor der endgültigen Alpabfahrt machen wir noch einen ausgedehnten Spaziergang miteinander – auch für *mich* als Abschied. Wenn wir dann daheim sind, bei uns in der Schäferei – auch da sehe ich sie eigentlich jeden Tag. Mehrere Male. Aber das ist trotzdem so eine *Entfernung*.

* züglen = schweizerisch für: umziehen, umsiedeln

Schneekönig und seine Hunde

Erzählt von Rolf Beutler, Pfyn / Schweiz

Ich mache das seit meinem neunzehnten Lebensjahr. Jetzt bin ich einundsechzig. Also, man rechne. – Schon lange!

Ursprünglich komme ich nicht von der Landwirtschaft. Meine Eltern sind keine Bauern oder Schäfer. Es war einfach so: Da, wo ich aufgewachsen bin, sind im Winter immer die Hirten vorbeigezogen, mit ihren Herden. Und das war dann eben mein Traum. Dieses ganze Gefüge: Herde, Hunde … Ich hab das auch gerne gerochen. Und bin dann jede freie Minute mit denen rumgezogen. Es wurde mir mehr und mehr klar: Ich möchte das auch mal machen. Aber in der Schweiz kannst du Schäfer nicht lernen. Und weil meine Eltern darauf bestanden, dass ich irgendeine Lehre mache, hab ich Gärtner gelernt; hab aber im Grunde nur gewartet, bis ich damit fertig bin – und als ich die Lehre abgeschlossen hatte, bin ich gleich auf die Winterweide gegangen, zusammen mit einem erfahrenen Hirten, und hab von einem deutschen Schäfer meinen ersten Hund gekauft. Der war allerdings schon ausgebildet. War schon drei, fast vier Jahre alt. Hatte also seine Erfahrungen, seinen Job gemacht, mit diesem anderen Schäfer. – Mit *mir* hat's leider nicht so geklappt. Das wurde nie eine richtige Beziehung zueinander. Ich hab das aber zum Glück schnell gemerkt und konnte ihn weitergeben an einen Bauern. Bei dem hat er's gut gehabt.

Mein nächster Hund war so ein Mischlingsrüde; ganz ein kleiner. Der hatte schon den Namen Rex. Das war ein sehr spezieller Hund; weil er eben so klein war. Und wahnsinnig intelligent. Von Anfang an wusste der immer, was ich von ihm will. Wenn sich die Herde in Bewegung gesetzt hat, hat er immer schon gesehen – bevor ich irgendetwas gesagt habe –, wo er hinstehen muss; was er machen muss. Aber ich hab mir natürlich auch viel Mühe gegeben, viel mit ihm geübt und auch immer wieder Spielereien eingebaut.

Zum Beispiel: Einen Sommer war ich bei Maienfeld auf der Alp. Da musste ich zwei- oder dreimal durch das Städtchen durchgehen, mit einer großen Herde; das waren etwa tausendfünfhundert Schafe. – Und Maienfeld ist ein ganz ein *altes* Städtchen. Da hat jedes Haus nach vorne raus so eine Art Hausgarten. Und anstatt Zaun hat's da Mauern. Und der kleine Hund ist immer auf die Mauer raufgesprungen. Auf der Mauer nach vorne gelaufen. Dort wieder runtergesprungen. Stehengeblieben, bis alle Schafe durch waren. Dann wieder rauf auf die Mauer … Das war ein richtiges Schauspiel. Nach dem ersten Mal sind alle Leute rausgekommen und haben gekuckt, wie er das macht. Und ich bin natürlich der große König gewesen …

Rex war aber auch deswegen ein spezieller Hund, weil er so seine Angewohnheiten hatte. Zum Beispiel auf der Winterweide, als ich noch mit Zelt und Eseln unterwegs war und im Wald geschlafen hab: Da ist er jeden Tag vor mir aufgestanden, hat sich aus dem Zelt davongeschlichen und die nähere Umgebung abgeklappert, was so los ist. Pünktlich wenn ich aufgestanden bin, ist er dann wieder zurück gewesen. Aber einmal, da war ich oberhalb vom Zürichsee. Unter uns so ein Villenviertel. Ich war oben im Wald am Schlafen, und der Hund war wieder auf seinem morgendlichen Spaziergang. Aber an dem Morgen kam der Kerle nicht zurück. Hat er die Liebe gerochen oder so. Und ist ins Dorf runter. Es wurde acht Uhr, Frühstück fertig. Neun Uhr, die Schafe sind aufgestanden. Halb zehn, jetzt wurde ich langsam nervös. Irgendwann hab ich gedacht: »Na ja, dann geh ich eben ohne Hund«, hab die Herde gerufen und bin losgezogen. Beim ersten Rapsfeld rechts sind gleich alle abgehauen. Ich gerannt wie blöd. Wirklich eine Stunde lang Panik und die Herde war überall verteilt. Da kam er den Wald heraufgesprungen, der kleine braune Hund, hat mich quasi angelächelt, zwei, drei Mal gebellt, die Schafe waren alle wieder tipptopp zusammen, hat mich angeschaut, so ungefähr: »Was machst du da? *So* macht man das.«

Und ich hab dann jahrelang nur mit diesem einen Hund gearbeitet. Erst als er etwa acht war, hab ich einen neuen dazugekauft. Trotzdem ist der Rex, bis er vierzehn war, immer auf die Winterweide und auf die Alp mitgekommen, hat voll gearbeitet ... Und ist eigentlich nie richtig abgehauen. Hat immer nur diese kleinen Spaziergänge gemacht. Aber kaum war er in Rente, ist er ständig ins Dorf gegangen, hat überall seine Liebschaften angefangen ... Furchtbar! – Und dann hat mal ein junger Mann angerufen, hat gesagt: »Ich hab da einen Hund überfahren.« Ist der Rex unters Auto gekommen; aber hat sich schwerverletzt weggeschleppt. Wir konnten ihn nicht mehr finden. Haben überall gesucht. In jedem Stall, im Wald, mit einem Nachbarsjungen zusammen, und auch sonst noch mit Leuten. Haben wir gedacht: »Der ist eben gestorben. Irgendwo liegt der.«

Drei Wochen später bin ich vom Stall ins Haus gekommen und dann lag da – ich hab zuerst angenommen, das sei ein brauner Sack –, hockt da der kleine Hund, voller Tannennadeln, Moos ... mit einem baumelnden Bein. Wir sind mit ihm natürlich sofort zur Tierärztin gefahren. Die hat gemeint: »Na ja ... alter Hund ... bisschen einbinden. Das kömmt schon wieder!« Schmerzen hatte er nicht mehr. Das war schon durch. Er hatte sich irgendwie das Hüftgelenk ausgerenkt oder kaputtgemacht. Danach war er etwas weniger mobil – das war dann immer so ein pendelnder Gang bei ihm; er hat immer das Bein so nachgeschwungen –, hat aber noch drei volle Jahre gelebt.

Zwischenzeitlich hatten wir natürlich schon neue Hunde. Und die sind in ihre Aufgaben reingewachsen. Da hatten wir vor allem den Jimmy. Das war auch ein Mischling; aus Altdeutschem Hütehund und Border Collie. Da war bei einem Schäfer so eine Art Paarungsunglück passiert. Der hatte einen Wurf; *hatte* aber genug Hunde. Und hat zwei am Leben gelassen. – Das war halt früher so. Da hast du die überzähligen gleich mal weg. Und ich hab ihn dann gekauft und mit nach Hause genommen. Damals war meine Tochter Lisa drei, vier Jahre alt. Und der Jimmy, der war eigentlich ihr Hund. Also, es war schon meiner, aber er ist aufgewachsen mit dem kleinen Mädchen. Wenn er nicht gearbeitet hat, war er immer mit Lisa zusammen. Ist immer mitgegangen. Einmal hat's im Winter meterhoch Schnee gehabt. Da war der Hund noch jung, vielleicht sieben Monate alt. Und die Lisa ist gerade zu der Zeit öfters mal abgehauen. Aber du wusstest, du kannst einfach den Jimmy rufen – und Lisa ist mit Sicherheit dabei. Sie hat sich am Halsband festgehalten, und Jimmy hat sie mitgebracht. Das war ein super Team.

Und das war halt das, was den *Jimmy* so speziell gemacht hat. Beim Rex waren's die kleinen Spaziergänge gewesen – und dass er oft wiedergekommen ist mit so einem: »Ach ja, klappt doch, oder?« Und beim Jimmy war's, dass er so kinderfreundlich war. Wenn Lisa Besuch hatte von anderen Kindern: Die haben meistens bei uns im Stall gespielt. – Und Jimmy war eigentlich ein ganz ein *feiner* Hund. Der war überhaupt nicht aggressiv. Aber wenn da irgendeine Mami mit dem Auto gekommen ist und ihren Jungen oder ihr Mädchen abholen wollte – der Jimmy hat seine Kinder nicht mehr hergegeben! Die Eltern mussten im Auto warten, bis ich gekommen bin. Dann konnten sie aussteigen und ihr Kind mitnehmen.

Die sind also schon sehr verschieden, die einzelnen Hunde. Und entsprechend hängt das Herz an manchen mehr, an manchen weniger. Bei mir ist es so, dass ein Hund, wenn er stirbt, für ein paar Jahre gar nicht mehr erwähnt wird. Ich will dann nichts mehr hören von dem Namen oder von dem Hund; der ist wie tabu. Weil, dann kommt ja auch wieder ein neuer Hund. Und dann braucht *der* meine Liebe.

Bei uns kam nach Jimmy die Tosca. Das war ein Westerwälder Kuhhund. Das ist eine ganz alte Hütehunderasse, fast schon am Aussterben. Und da bin ich ein bisschen reingerasselt. Das sind halt Hunde, die man von jeher für Kühe gebraucht hat. Die sind wahnsinnig hart. Können wahnsinnig viel wegstecken; also auch Schläge von Kühen. Und sind sehr aggressiv. Vorher hab ich immer gesagt: »Einen Hund *macht* man aggressiv, der *ist* nicht aggressiv.« Und da musste ich lernen, dass das schon auch in den Genen drinsteckt. Der hat alle fremden Hunde angefallen – obwohl die gar nix gemacht haben. Oder auch gegenüber Menschen: Alles, was fremd war, bekam sofort die Zähne gezeigt. Dabei war das sonst ein super Hund. Ein super Arbeiter. Schon so ein bisschen grob … Aber wenn da mal die Herde abgehauen ist – der ist vor tausend Schafe hingestanden und keinen Schritt zurückgewichen. Fertig, Schluss!

Ich war mal oberhalb von Wädenswil. Da war die Autobahn. Und entlang der Autobahn hab ich gehütet. Auf einmal ist vom Wald her ein fremder Hund in die Herde reingesprungen – und die ganze Herde ist auf die Straße, wie ein Keil in Richtung Autobahn gerannt. In die Autobahnausfahrt. Also Gegenverkehr! Und

Zäune auf beiden Seiten. Ich hab Blut und Wasser geschwitzt. Ich stand ja hinten und konnte nix machen. Wenn ich da rumgeschrien hätte, wären sie noch schneller gerannt. Und die Tosca hat sich dann zwischen Zaun und Schafen nach vorne gekämpft – und hat die Herde gestoppt. Noch vor der Autobahn. In der Ausfahrt drin. Das hätte kein anderer Hund geschafft. Eine Herde in Panik zu stoppen, noch dazu auf so engem Raum, das ist ein Riesendruck. Die Schafe sind vorne *zweistöckig* gestanden! Nur weil der Hund sich da aufgebaut hat.

Dann hab ich mir, obwohl's eigentlich so harte Hunde waren, noch einen Rüden von der gleichen Rasse gekauft. Den Ciocco. Auch der war ein super Hütehund. Nicht sehr intelligent, aber dafür pflichtbewusst. Es gibt ja auch bei den Hunden intelligentere und weniger g'scheite. Es muss nicht negativ sein zum Arbeiten, wenn einer nicht so g'scheit ist. Ciocco hätte gearbeitet, bis er tot umgefallen wär. Ein anderer Hund, ab einem gewissen Punkt sagt der: »Hey, ich bin müde, ich mag jetzt nicht mehr.« Und Ciocco ist einfach immer weiter …

Aber er hat dann auch öfter mal einen anderen Hund gepackt; den Postboten hat er in den Hintern gebissen … Das war irgendwann nicht mehr gut. Und deswegen haben wir die Ära der Westerwälder langsam auslaufen lassen. Die Jungen haben wir verkauft. Nachfolger von der Tosca wurde der Milo. Dann hatten wir noch den Jimmy, also nicht den Hund von meiner Tochter, sondern einen neuen. Und schließlich gab's noch den Pedro. Und zu diesen dreien gibt's ne Geschichte. Da waren wir schon ein paar Jahre hier auf der Hochalp. Vorher waren wir ja auf anderen Alpen …

Und zwar war ich da mit der Herde drüben auf der anderen Talseite, im Prasignola, hab aber früh Feierabend gemacht, weil ich noch aufn Berg raufwollte. Und der Pedro – das war ein Altdeutscher Strobel; das sind so ganz Wuschelige – ist da oben, im felsigen Gelände, zwanzig Meter oberhalb von mir gegangen und ist dann einen Bach runtergerutscht, auf den Pfoten, weil er den direkten Weg zu mir runterkommen wollte. Aber das war eben Sackgasse. Etwa fünfzehn Meter über mir ging's nicht weiter. Weder rauf noch runter. Runter wär's einfach nur freier Fall gewesen. Da wär man tot … Und rauf war so ne Felsplatte. Eigentlich nicht hoch, vielleicht sieben Meter; aber zu steil und zu glatt.

Dann hab ich probiert, *von oben* runterzuklettern. Aber ich hatte halt kein Seil oder so dabei. Keine Chance! Ich hab gesehen: Wenn ich da runtergeh, komm ich *auch* nicht mehr rauf. – Und hab dann immer wieder gerufen: »Komm rauf!« Und er hat's immer wieder probiert. Bis er ganz blutige Pfoten hatte.

Mittlerweile sind der Jimmy und der Milo in ihrer Verzweiflung allein nach Hause gegangen. Und das war für Maria Anna natürlich ganz komisch. Normalerweise war's so, wenn ich auf dem Heimweg war: Zuerst kam der Pedro; der ist immer weit vorausgegangen … Und jetzt kamen zuerst nur der Jimmy und der Milo – und danach nichts mehr.

Spätabends bin ich dann alleine nach Hause gekommen. Ohne Pedro. Und hab fast die ganze Nacht gedacht: »Hoffentlich springt er nicht. Hoffentlich versucht er nicht, da irgendwie runterzugehen.« Das ist schwierig zu erklären, was da in einem vorgeht, wenn du weißt, dass dein Hund dort oben ist; und du kannst nix machen; es ist jetzt dunkel; du weißt nicht, ob er morgens tot, zerschmettert da unten liegt oder noch da ist. – Also bin ich, schon bevor's hell wurde, los, mit Seil und Taschenlampe. Da wieder rauf. Pedro war zum Glück geblieben, wo er war, hat sich wahnsinnig gefreut, als ich von oben wieder über die Kuppe gekuckt habe. Jetzt hab ich aber schnell gemerkt: Mit dem bisschen Seil, ohne Haken, ohne Bergsteigerausrüstung – ich schaff den Hund nicht rauf! Also musste ich auf die andere Talseite gehen. Da konnte ich mit dem Bauern vorn im Tal telefonieren; weil ich wusste, dass sein Sohn bei der Bergrettung arbeitet.

Der ist dann raufgekommen, mit Ausrüstung, hat sich abgeseilt, den Hund angebunden – und der Pedro, der hat irgendwie Panik gekriegt, hat überhaupt nicht mehr mitgeholfen; der junge Mann musste ihn da Schritt um Schritt raufhieven; ich hab oben gezogen … und der Hund hing wie tot in den Gurten …

Jetzt war Pedro aber ein starker Rüde. Dominant. Das Erste war – als wir ihn gelöst hatten: Er hat sich unglaublich gefreut, ist fast *wieder* runtergefallen, vor lauter Freude, und dann hat er gleich mal Jimmy und Milo vermöbelt. Und dann war wieder gut.

Nach ihm hatten wir gleich wieder einen sehr besonderen Hund: den Ciocco. Nicht den Westerwälder Kuhhund, von dem ich erzählt habe, sondern einen anderen. Das gibt's bei uns öfter. Da gibt's Jimmy eins, Jimmy zwei. Ciocco eins, Ciocco zwei … Und dieser Ciocco, das war auch ein Altdeutscher Hütehund. Genauer gesagt ein Mitteldeutscher Schwarzer; also wirklich ganz schwarz, mit Stehohren. Der kam aus der Nähe von Berlin. Da hatte sich ein Freund von uns einen Hund geholt und hat gesagt: »Die haben zwei, willst du auch einen?« Hab ich gesagt: »Ja, okay, prima.«

Dann haben wir auf der nächsten Autobahnraststätte Hundeübergabe gemacht, sind hier hochgefahren, haben den Hund ausgeladen, er ist mit uns zur Hütte raufgegangen – und war sofort zu Hause. Am nächsten Morgen ist er aufgestanden und mitgekommen zu den Schafen. Das war verrückt. Es hat von Anfang an geklappt mit uns. Er war mein Hund und ich war sein Chef. – Und zusammen mit Jimmy und Milo ergab das ein super Hundeteam. Aber Milo musste dann in unserer Schäferei in Frauenfeld bleiben,

»Okay, wenn du nicht nett zu mir bist, arbeite ich nicht« – Rolf Beutlers feinfühliger »Haupthund« Ciocco ruht sich erst mal aus

weil wir dort ja auch noch Schafe haben und gerade keinen Hund dafür hatten. Weswegen wir noch den Finn dazugekauft haben. Und dadurch gab's ein Problem.

Es ist ja so: Du hast immer eine Art Gefüge. Du hast einen besseren Hund. Den Haupthund. Der arbeitet auf der anderen Herdenseite. Selbstständig. Da gibst du nur quasi so Tipps, was zu machen wäre. – Und der andere Hund, der Beihund, arbeitet mehr von dir aus. Und Ciocco war zu der Zeit schon mein Haupthund. War aber vom Charakter her ein ganz ein feinfühliger. Wenn du schlechte Laune hattest, hat er das sofort gemerkt. Den Finn hat das gar nicht interessiert, ob ich schlecht drauf war oder nicht. Aber der Ciocco, der hat das nicht nur gemerkt, sondern hat's mir oft auch heimgezahlt, wenn ich ihm gegenüber unfair war. Hat sich irgendwo zehn Meter neben mich hingestellt, hat genau gesehen, was zu tun ist, aber hat gesagt: »Okay, wenn du nicht nett zu mir bist, arbeite ich nicht.« Dann musste ich erst mal wieder runterkommen.

In mancher Hinsicht war er fast schon zu *feinfühlig*. Er war ja dann quasi der Leithund. Also der stärkste, der größte ... Aber sobald Finn da war, hat der ihm die Leitposition streitig gemacht. Die zwei hatten immer wieder Reibereien. Aber Ciocco hat ihn nie richtig gepackt. Es ist ja so: Ein richtiger Leitrüde, der packt mal den jungen Hund, wirft ihn zu Boden und hält ihn zwei Minuten unten. Und dann ist das geregelt. Aber der Ciocco – obwohl er stärker, flinker, schneller war – hat das nie gemacht. Ich weiß nicht, warum. Er war durchaus Boss ...! Einmal haben sie dann wirklich gefightet. Aber das war schon zu spät – sodass der Finn sich nicht unterworfen, sondern gewehrt hat. Da mussten wir zum Doktor mit ihm. Er hatte einen riesen Riss im Fell. Das mussten wir nähen lassen.

Und das ist dann so weit gekommen, dass wir gesagt haben: »So geht das nicht« – und den Finn kastriert haben. Da mussten wir uns entscheiden: »Haben wir die Hunde zum Arbeiten oder sind wir Hundeforscher.« Denn ein Hundeteam, das sich, anstatt zu arbeiten, dauernd an den Kragen geht: Das bringt's auch nicht. Und tatsächlich: Danach hat's wieder geklappt.

Das war der Punkt, wo ich eigentlich gedacht habe: »Okay, Finn und Ciocco und der alte Jimmy, das sind jetzt meine letzten Hunde, bis ich pensioniert werde.« Aber dann ist der Ciocco krank geworden. Da gab's ne Fehldiagnose vom Tierarzt. Der meinte, der Rücken sei futsch. Im Tierspital in Zürich stellte sich aber raus, dass Ciocco einen Zeckenbiss hatte. Er hatte Lähmungserscheinungen, hatte oft auch so einen ganz wirren Blick, wurde leicht aggressiv ... Das ist alles ganz typisch.

Noch dazu: Als er dann wirklich *todkrank* wurde, haben sich alle anderen gegen ihn gewendet. Hunde sind da sehr fies. Da musst du den kranken Hund quasi retten und wegnehmen. Die sind da nicht mitfühlend. Sondern: »So, du Leithund, jetzt bist du schwach, jetzt probieren wir's.« Da geht's einfach nur darum, dass jeder Boss sein will. Das ist die harte Natur. Wie bei den Wölfen.

Na ja, und dann lag der Ciocco halt noch ein paar Tage im Zwinger im Tierspital und ist dann gestorben. Wir durften ihn nicht mal mehr besuchen, weil gerade Corona war. Wir durften nicht ins Spital rein.

Was aber zu diesem ganzen Rangordnungsthema interessant ist: Wir haben ja nicht nur Hütehunde, sondern auch Herdenschutzhunde; und zwar schon seit 1999. Damals ist auf der anderen Bergseite, in Bergell, der erste Wolf aufgetaucht; und hat da sechzig, siebzig Schafe gerissen. Das ist Luftlinie nur ein Kilometer von hier; aber halt ein Berg dazwischen. Und da kam jemand vom WWF*, der sofort erkannt hat: »Wir müssen reagieren, denn sonst wird der Wolf sowieso wieder erschossen« – und hat mit den Schäfern in der Umgebung Diskussionsrunden gemacht und dafür gesorgt, dass wir die ersten Herdenschutzhunde kriegen.

Und das war dann schon ein Wagnis. Ich hatte ja keine Ahnung, wie das mit den verschiedenen Hunden funktionieren könnte. Die Schutzhunde sind viel größer und stärker als die Hütehunde. Aber das ganze Gefüge kann nur funktionieren, wenn die Hütehunde die Chefs bleiben. Und das hat bei mir eigentlich von Anfang an funktioniert. Was ich umso spannender finde, weil du den Herdenschutzhund *in der Herde* aufwachsen lässt. Der kommt auf die Welt: Das Erste, was er sieht, ist ein Schaf; das ist sein Rudel; und das verteidigt er bis in den Tod. Wenn jetzt irgendeine Gefahr droht oder die Schafe auch wegen nix erschrecken – zum Beispiel:

* WWF = die Tierschutzorganisation World Wide Fund For Nature

Hinterm Stein steht ein schwarzes Schaf auf, und die ganze Herde springt zusammen –, springen die Herdenschutzhunde sofort wie die Löwen in die Richtung, wo die Unruhe ist, und kucken, was los ist. Nur: Hütehunde machen ja *immer* Unruhe! Und das akzeptieren die Schutzhunde einfach.

Und das hat mich sehr fasziniert. Dass da so ein Nebeneinander und trotzdem ein Miteinander besteht. Die Hütehunde, die kommen am Morgen gleich nach dem Aufstehen an und begrüßen mich … Aber die Schutzhunde bleiben die ganze Zeit in der Herde. Da gehst du hin, sie schnuppern ein bisschen an dir, lassen sich ein bisschen kratzen und trotten wieder zu ihren Schafen. Die sind nicht nur die ganze Nacht, sondern auch den ganzen Tag für sich. Mittags kommen sie vielleicht mal schnell vorbei, kucken mal: »Ah, du liegst da« – dann sind sie wieder weg. Das ist ganz was anderes als ein Hütehund. – Damit wir uns nicht missverstehen: Ich mag die Schutzhunde *auch*. Sogar total gerne. Aber manchmal frage ich mich, wie die das alles so auf die Reihe kriegen in ihrem komischen Hirn. Damit das funktioniert.

Natürlich sind auch die Schutzhunde vom Wesen her verschieden. Zur Zeit haben wir zwei von ihnen. Der jüngere, Anouk, das ist ein italienischer Maremmano. Der ältere, Bosco, ist ein pyrenäischer Berghund. Dem italienischen, dem Anouk, kannst du jede Gemütsbewegung ansehen. Dagegen hat der Bosco so gut wie keine Mimik im Gesicht. Dem hängt einfach immer alles runter. Als ob ihn alles überhaupt nix angeht. – Den haben wir damals als Welpen gekauft und gleich bei uns in die Herde getan, an die Menschen gewöhnt; der war von Anfang an super. Den Anouk haben wir von einem Züchter vom Herdenschutzverein geholt; zusammen mit seinem Bruder Rico. Aber bei Rico haben wir schon früh gemerkt, dass er überhaupt keine Lust hatte, bei der Herde zu bleiben. Kaum war der Zaun offen, ist er abgehauen;

war immer hier bei der Hütte. Und am Morgen musste ich ihn wieder mitnehmen. Das war wirklich ein Drama. Dieser junge Hund hat richtig gelitten. Hat sich überhaupt nicht wohlgefühlt. Schlussendlich mussten wir ihn zurückgeben. Denn du kannst ja einen Hund, der das alles nicht will, nicht zwingen. Noch dazu, weil du ja wahnsinnig viel von deinem Herdenschutzhund erwartest. Auf der einen Seite willst du *keine* Arbeit von ihm. Er darf nix machen. Muss einfach nur da sein. Aber wenn's einen Wolfsangriff gibt, erwartest du, dass er sein Leben opfert. Das soll dann auf einmal selbstverständlich sein.

Und deswegen finde ich es auch nicht gut – aber das führt jetzt zu weit. – Kurz gesagt: Wir sind aus dem Herdenschutzhundeverein der Schweiz ausgestiegen. Wir machen da nicht mehr mit. Kriegen auch keine Fördergelder mehr vom Bund. Kaum hatten die für das Projekt ein, zwei Millionen lockergemacht, sind angebliche Hundespezialisten wie Pilze aus dem Boden geschossen und haben angefangen, Herdenschutzhunde zu züchten und sie auszubilden. Aber das funktioniert so nicht. Du kannst nicht sagen: »Ich hab jetzt Wölfe in der Gegend, ich brauch sofort einen voll ausgebildeten Herdenschutzhund.« Wenn er deine Tiere schon mit seinem Leben verteidigt, musst du ihm schon ein bisschen Liebe entgegenbringen. Und ihn auch als *jungen* Hund übernehmen. Und nicht einfach einen alten in die Herde reinknallen; und der muss jetzt funktionieren, wie so eine Maschine. Das geht nicht. Und zwar auch deswegen nicht, weil ein Herdenschutzhund, wie der Name schon sagt, ein *Schutzhund* ist. Das ist wie bei einem Atomkraftwerk. Da hast du immer ein Restrisiko. Der ist eigentlich ganz träge, gemütlich … Aber wenn's einen Angriff gibt, wenn der sich bedroht fühlt, kommt er von null auf hundert, das glaubst du nicht. Ich habe einmal den Bosco gefüttert. Der hat inzwischen etwa sechzig Kilo. Der Esel, der da draußen vor der Hütte steht, die Lotta, hat *dreihundertsechzig* Kilo. Die ging einmal zu Boscos Futternapf und wollte nur mal kucken. Und der Hund wollte einfach sein Futter verteidigen, ist dem Esel an den Kopf gesprungen, der hat sich rückwärts überschlagen … Und dann lag der Hund auf dem Esel … Ich hab gedacht, ich spinn! Das gibt's ja gar nicht! Bei diesem Größen- und Gewichtsunterschied geht das ja gar nicht. Aber Bosco hat das gemacht. Da kommt eine Wahnsinnskraft auf dich zu. Wenn so einer wirklich durchdreht …

Die *verteidigen* also durchaus. Und das ist einerseits die Gefahr, andererseits hatten wir noch nie einen Wolfsübergriff, obwohl's auf der anderen Bergseite fast jeden Frühling einen oder mehrere Wölfe gab; die dann auch Schafe und Ziegen gerissen haben. Sogar gleich da oben, beim Pass. Ich war unten mit der Herde. Und oben am Pass wurden Ziegen gerissen. – Jetzt kann ich natürlich nicht sagen: »Die Hunde haben genützt.« Aber ich denke schon, dass sie was bringen. Die Vorstellung der Leute ist ja oft: Der Herdenschutzhund sitzt in der Herde, spitzt die Ohren, und wenn der Wolf kommt, geht der Hund hin und beißt ihn in den Hintern. In Wirklichkeit ist das ganz anders. Wenn du mit der Herde in ein neues Tal reingehst, springen die Schutzhunde erst mal überall herum, pinkeln an jeden größeren Stein, markieren also ihr Revier. Und wenn jetzt von drüben ein Wolf kommt, merkt er: »Oh, scheiße, Herdenschutzhunde. Ich geh auf die Nachbaralp. Da hat's *keine*.« – Und so hält dieses Verhalten den Wolf schon mal ein bisschen fern. Wenn jetzt allerdings ein ganzes Wolfsrudel käme, um sich da ansässig zu machen, müsste man viel mehr Hunde haben. Das wären dann zu wenige.

Aber jetzt kucken wir mal, wie's weitergeht. Aktuell geht's bei uns, nach dem Tod von Ciocco, natürlich vor allem um die Hütehunde. Finn war ja bisher nur zweiter Hund; und musste von heute auf morgen den Haupthund ersetzen. Das macht er ganz gut. Vorher war er drei Jahre lang der Rüpel, der sich mit Ciocco angelegt hat. Und jetzt ist er voll am Arbeiten. Aber er kann Ciocco halt nicht von heute auf morgen ersetzen. Und unser Jimmy ist inzwischen einfach zu alt. Der kommt mal einen Tag mit. Und zwar nach wie vor wahnsinnig gerne. Aber weil er eigentlich gar nix mehr hört, kann man ihn bei der Arbeit auch nicht zurückrufen. Der rödelt den ganzen Tag wie blöd; bis er fast tot ist. Den muss ich dann an die Leine nehmen. Und das hasst er. Obwohl er, wenn er abends nach Hause kommt, erst mal drei Tage unterm Tisch liegt.

Das ist eigentlich der Grund, warum wir jetzt – seit drei Wochen – unseren Neuzugang haben, die Gira. Die ist etwa zweieinhalb. Aber das weiß man nicht so genau. Alles, was ich sagen kann, ist, dass sie wohl von Anfang an nie ne richtige Ausbildung bekommen hat. Und dass sie, wenn sie infolgedessen nicht gut gearbeitet hat, wahrscheinlich Schläge bekommen hat. Am Anfang konnt' ich sie gar nicht berühren. Jetzt geht's ja schon viel besser. – Aber sie ist wirklich nur eine *kleine* Hilfe. Eine große Hilfe wird sie wahrscheinlich nie werden. Das muss ich leider so klar sagen. Ich wäre schon froh, wenn wir sie bis zum Herbst so weit hinkriegen würden, dass wir sagen könnten: »Okay, du bist jetzt unser Allerweltshund.« Wir haben in der Schäferei in Frauenfeld immer einen Hund, wo wir sagen: »Das ist der Allerweltshund.« Das sind zwar nicht die besten. Aber du brauchst dort auch keinen Hund, der tausend Schafe hüten kann. Da geht's eher darum, die Schafe am Mittag, wenn's zu heiß ist, mal ein bisschen in den Schatten zu treiben. Und am Abend wieder zurück auf die Fressweide. Also eher um die einfachen Sachen. Das funktioniert meistens so halbwegs. Aber wenn Gira bis zum Herbst nicht auf diesem Stand ist, müssen wir sie abgeben. Wir können die Hunde ja nicht nur behalten, weil sie lieb sind. Wir brauchen die zum Arbeiten.

Und so ist es mit ihnen halt ein Kommen und Gehen. Dann hast du wieder einen jungen Hund und baust auf ihn. Investierst ganz viel Zeit. Aber Hunde werden halt schneller alt als Menschen. Oder irgendwas passiert: Sie kommen unters Auto oder werden krank oder was weiß ich. Und dann musst du sie wieder ersetzen. Weil, es muss einfach weitergehen. – Trotzdem ist es mit ihnen nicht nur eine Arbeitsbeziehung. Vor allem die Hütehunde sind uns schon *sehr* nahe. Maria Anna und ich waren wirklich wie mit dem Brett vor den Kopf gestoßen, als unser Ciocco nicht mehr da war. Da war nur noch Staatstrauer angesagt. Aber am nächsten Tag müssen die Schafe trotzdem fressen. Das ist ja das Strenge an dieser Arbeit: Sie ist nie fertig. Es geht immer weiter.

Das Zartgefühl der Arbeitspferde im Wald

Erzählt von Elmar Stertenbrink, Erkrath / Niederbergisches Land

Rosi war bei mir am Hof immer die Partnerin von Lena gewesen. Die beiden waren das Traumpaar schlechthin, mit dem du im Grunde alles machen konntest. Ursprünglich hatte ich sie als Gespann gekauft. Aber in der Hauptsache geht es bei uns ja um den Arbeitsprozess im Wald, wo man ein Zweiergespann nur in Ausnahmefällen braucht.

Nun klebte aber besonders Rosi sehr an Lena. Wenn Lena mit im Wald war – solange Rosi sie also sehen konnte –, ging alles gut. Aber sobald Rosi alleine war, wurde es schwierig. Ich hatte mal einen Holzrückeauftrag im Stadtwald von Duisburg. Und da dachte ich mir: »Diesem Aneinanderhängen will ich mal entgegenwirken. Ich werd Rosi bewusst von der Lena trennen und nehm sie *alleine* mit«; fuhr also mit dem LKW dorthin, holte sie aus dem Anhänger, putzte sie durch, schirrte sie an und begann meine Arbeit.

Und Rosi war halt, von der körperlichen Seite her, ein sehr dynamisches Pferd. Sehr bewegungsorientiert. Was man bei Kaltblütern eher wenig kennt. Und an dem Tag war sie das besonders. Mir fiel das allerdings nicht im negativen Sinne auf.

Dann war's aber so, dass ein paar Äste etwas unglücklich lagen, und ich beschloss: »Die räumst du jetzt von Hand zur Seite.« Das ist ganz normal, dass man Rückepferde in einer solchen Situation einfach stehenlässt – und die Pferde in der Regel auch denken: »Ja, gut, okay, das passt jetzt.«

Um zu erklären, was nun kam, muss ich ein bisschen ausholen und etwas über das Wahrnehmungsvermögen von Pferden erzählen. Bei uns beginnt dieses Thema schon damit, dass wir gar keine zwei Zügel verwenden, sondern nur eine Leine haben. Wir arbeiten größtenteils mit Gestik und akustischen Signalen. Es gibt da eine Grundhaltung, immer etwas schräg links hinterm Pferd. Wenn ich jetzt meine Position verändere, baut das Pferd – wenn es an diese Arbeit gewöhnt ist – von sich aus den ursprünglichen Abstand und die Position wieder auf; dazu ist es von seiner körperlichen Ausstattung her wunderbar geeignet, weil es fast 360 Grad um sich herumblicken kann. Für uns Menschen ist das kaum nachvollziehbar, wie sich die Welt darstellt, wenn man fast kreisrund kucken kann. Aber das Pferd kann sehen, was ich hinter ihm tue. Und es reagiert darauf. Wodurch letztlich fast schon ein Tanz entsteht, bei dem es eine Annäherung gibt und ein Zurückdrehen, ein Ausweichen … Und wie im Tanz gibt es auch ein Locken. Dass man voranschreitet und sagt: »Komm jetzt.« Das Pferd signalisiert daraufhin, indem es die Ohren aufrichtet und sich noch mal ausschnaubt: »Okay, alles klar. Ich weiß, was du willst: Jetzt geht's los!« Und wenn sich dann dieser große, mächtige Körper mit dem Stamm im Schlepptau in Bewegung setzt – das ist schon beeindruckend.

Oft ist es auch so, dass das Pferd im dichten Wald durch seine Körpersprache andeutet: »Meinst du, ich soll hierhin oder dorthin gehen?«, indem es mit der Schnute ein wenig in Richtung *dieser* zwei Bäume oder *jener* zwei Bäume deutet – und ich dann sage: »Ja, bitte dahin« oder »dorthin«. Bei unserer Arbeit geht es allerdings weniger darum, wie schwer der einzelne Stamm ist – meistens ist er gar nicht so schwer –, weil's auch sehr wichtig ist, das Pferd nicht zu überfordern. Es geht eher um die Wendigkeit und die Geschicklichkeit in dem kompletten Durcheinander. Im Grunde spielen wir da den ganzen Tag Mikado in groß. Die Stämme liegen kreuz und quer übereinander. Und wir schaffen da Ordnung rein. Das Ganze ist also auch eine geistige Aufgabe, bei der es kein Oben und Unten gibt, nicht Befehlende und Befehlsempfänger, sondern ein gemeinschaftliches Hin und Her. Das ist das, was das Pferd, auch von seiner Natur her, ganz klar will.

Und daraus entwickelt sich natürlich ein sehr unmittelbares und auch körperliches Verhältnis. Mit Pferden wie Rosi hast du ständig Situationen, wo du auf einmal bemerkst: »Mensch, toll, wie sie das macht.« Da liegt in einem halben Meter Höhe ein Ast von zehn Zentimetern Dicke quer. Also eine Barriere. Wie geht sie damit um? Sie springt drüber! Obwohl hinten der Stamm dranhängt! Da denkst du: »Wow! Was war das?« Aber als Nächstes bist natürlich *du* an der Reihe. Das weiß sie. Darum wartet sie. Dann musst du die Kette lösen; schlingst sie unter dem Ast durch und dann geht's weiter.

Lena – Rosis Partnerin – war von der Dynamik ihrer Bewegungen her längst nicht so graziös. Aber sie war sehr aufmerksam und sehr klug und insofern auch bereit, in eine noch dichtere Kommunikation mit mir zu treten. Bei ihr reichte, über zwanzig Meter hinweg, ein kurzes akustisches Signal, ein leichtes Pfeifen, »komm!«, und sie ging weiter. Und es brauchte nur ein leises »Brr«, und sie blieb stehen.

Wobei man diese Muster mit ihr wiederum völlig aufbrechen konnte. Grundsätzlich ist es so, dass ein Pferd im Arbeitsprozess durchschnittlich alle drei bis fünf Sekunden akustische Signale in

Rosis Freundin Lena mit Elmar Stertenbrink im Duisburger Stadtwald

einer bestimmten Tonhöhe und mit einer bestimmten Modulation bekommt. »Brr.« Das ist nicht statisch, das ist nicht kantig, das ist eine Sprache. Es kann auch »brttt!« heißen. Wo's auf einmal spitz und doch auch kantig wird, wenn's darum geht, *schnell* anzuhalten. Letztendlich musst du in einen Singsang kommen, durch den eine ganz intime Kommunikationsebene entsteht und nicht nur eine Reihe von Befehlen. Wenn ich Lehrgänge gebe, sagen die Leute immer: »Aha, wenn ich ›hott‹ sage, dann geht das Pferd rechts, und wenn ich ›wist‹ sage, dann geht es links.« Meine Antwort lautet: »Du musst das auch *meinen*.« Wenn du gar nicht links *meinst*, geht das Pferd auch nicht links.

Bei Lena hatten wir zum Beispiel diesen Stoßzügel – die eine Leine, die wir normalerweise im Wald verwenden – oft von vornherein gar nicht dabei. Weil's auch so ging. Dadurch begibst du dich natürlich noch mal in ganz andere Kommunikationsbereiche und fängst auch irgendwann an, damit zu spielen, indem du versuchst, das Pferd mit einem neuen akustischen Signal anzuhalten. Du klatschst in die Hände. Bleibt es stehen? Ja. Es ist aufmerksam.

So etwas ist allerdings kein Test, sondern immer auch ein Spiel, das von dem Pferd ausgeht. Das das Pferd provoziert. Durch seine Kommunikationslust. Gerade Lena liebte diese Spiele und fand diese abgewandelten Methoden hochspannend.

Deshalb finde ich es auch falsch, wenn im Zusammenhang mit Rückepferden oft nur dieser Goliath-Aspekt betont wird. Das starke Tier, das vor Kraft nur so strotzt und gebändigt werden muss. Das sind diese Charaktere gar nicht! Die sind total zartfühlend. Trotz ihrer neunhundert Kilo. Noch dazu kommt man in der Waldarbeit ja in Situationen, die völlig ungebräuchlich sind. Diese Ebene, die sich da ergibt – das ist teilweise völlig privat. Das geht in dem Moment nur das Pferd und mich was an. Und es ist auch nichts zum Vorführen. Es ist eine Art von zugewandter Situation, die einen glücklich macht. Eine Aneinanderreihung gegenseitiger Freundschaftsbeweise. Und das Tolle an so einem Pferdegeschöpf ist ja auch: Es zieht diese Freundschaft nie in Zweifel. Die ist gesetzt. Da kannst du dich drauf verlassen. Das ist natürlich eine tolle Erfahrung.

Deswegen mag der vordergründige Sinn unserer Arbeit darin bestehen, dass wir mit Pferden eine ökologisch vernünftige Arbeit verrichten, aber der eigentliche Sinn liegt woanders. Nämlich darin, sich ihr Wahrnehmungspotential zunutze zu machen. Ihre Beobachtungsgabe geht oft so weit, dass man den Eindruck hat: »Die können Gedanken lesen.« Ich hab's bei einigen Pferden erlebt – und in dem Fall bei Lena noch mehr als bei Rosi –, dass ich nach mehrstündiger Arbeit zum Beispiel überlegte: »Hm, wir könnten die Mittagspause jetzt mal vorziehen und danach in den anderen Waldbereich wechseln.« Und auf einmal signalisiert das Pferd: »Okay, dann gehen wir zurück.« Du hast kein Kommando gegeben. Nichts. Ich weiß nicht, wie das funktioniert. Es ist für mich unerklärlich. Ich brauche aber auch gar keine Erklärung, weil's für mich oft genug erlebt und auch offensichtlich ist. Vielleicht drücke ich es durch meine Körperhaltung aus oder durch irgendwelche Dinge, die ich von mir gebe. Wie auch immer. Letztlich sind es Gegebenheiten, an denen das Pferd merkt, dass du nicht bei der Sache bist. Dass du aus irgendeinem Grund gerade nicht Teil dieses Zweierteams bist. Denn das setzt das Pferd voraus.

Und das bringt mich wieder zur anfangs beschriebenen Situation mit Rosi im Wald. Ich war ein paar Minuten damit beschäftigt, diese Äste wegzuräumen, und auf einmal – ich hatte Rosi ausm Blick gelassen, weil's wie gesagt ne völlig normale Situation war – machte sie sich auf in Richtung LKW. Das ließ mich zunächst noch relativ kalt, weil ich annahm: »Na ja, die Pferde werden immer am LKW gefüttert. Wahrscheinlich steht sie gleich da und will Futter.«

Aber so war das nicht. Kaum war sie am LKW angekommen – ich hatte nun doch so langsam gedacht: »Jetzt sieh mal zu, dass du hinterherkommst« –, kuckte sie einmal rechts, einmal links, ignorierte auch mein »Brrr«, ihr Ohrenspiel verriet eindeutig: »Hab ich gehört, aber ist mir egal«, dann schlug sie nach links auf den Waldweg ein und trabte los.

Was letztlich zu einer Verfolgungsjagd über mehrere Kilometer führte. Zuerst zu Fuß. Dann mit einem Fahrrad, das ich mir von einem kleinen Jungen lieh. Und schließlich mit dem Auto, weil ein Autofahrer so nett und geistesgegenwärtig war, mich mitzunehmen. – Und in diesem Auto fiel's mir endlich auf: Rosi lief exakt denselben Weg, den wir mit dem LKW gekommen waren. Obwohl sie noch nie an diesem Ort gewesen war! Aber sie hatte anscheinend keine Probleme, sich zu orientieren. Sie wollte einfach wieder dahin zurück, wo ihre Herde war. Vor allem zu Lena.

Mittlerweile waren wir auf einer großen Straße. Wobei Rosi

auf dem Gehweg lief und wir auf der Fahrbahn neben ihr herfuhren – ich immer darum bemüht, ihre Aufmerksamkeit zu bekommen. Und ich weiß nicht, ob ich's dem Fahrer gesagt hab oder nur dachte: Es war *so* ein prächtiger Anblick! Kaltblüter können ja wunderbar traben. Die haben dann nur noch geringfügigen Kontakt zum Boden. Das sieht fast aus, als ob sie fliegen. Aber bei alldem hatte Rosi die Ohren gespitzt, den Nacken nach oben gestellt, den Hals etwas eingedreht – und deshalb verfiel ich auch nicht in Panik. Ich sah ja, wie aufmerksam sie sich zwischen all den Leuten auf dem Gehweg bewegte. Mir war klar: Hier passiert kein Drama. Denn ein Pferd, das durchgeht, sieht komplett anders aus. Das dreht die Augäpfel komplett weg. Macht sich quasi blind. Das war bei Rosi eine ganz andere Anmutung. Eher so ein positives: »Ach, schön! Ich bin unterwegs zur Lena.«

Und deswegen gab's von mir – als ich sie aus dem Auto heraus so weit beruhigt hatte, dass ich aussteigen und sie anhalten konnte – auch keinerlei Vorhaltungen. Ich stand da zwar irgendwo in Duisburg, mitm Pferd, mitm Strick … Aber in erster Linie war ich beeindruckt. Und auch durchaus betroffen. Denn natürlich willst du als Pferderücker immer dieses ganz intensive Verhältnis. Wenn du dein Pferd verlädst, neben ihm stehst, vor der Laderampe des LKWs, die steil nach oben geht – einen kleinen Fingerzeig und dann steigt dat ein! Und jemand anderes, der das sieht, denkt sich: »Boh! Toll!« Aber all diese Dinge hat Rosi an dieser Stelle nicht mehr zugelassen. Sie hatte ihre eigene Idee, was zu passieren hatte. Und das macht dann auch die Souveränität eines solchen Tieres aus. Rosi folgte in dieser Situation völlig ihrem Instinkt und war trotz aller Versuche meinerseits, Einfluss zu nehmen, in erster Linie Tier; ganz im Moment, voller Lebendigkeit, so wie es ihrem Charakter entsprach.

Wir gingen dann wieder zurück in Richtung Wald; liefen da

ganz stolz nebeneinanderher. Es war, als ob wir im besten Einvernehmen einen Ausflug gemacht hätten und nun wieder auf dem Weg nach Hause wären.

So etwas wie an diesem Vormittag ist danach nie wieder passiert. Ich hab Rosi allerdings auch nie wieder alleine stehenlassen. Wenn was war, hab ich darauf geachtet, dass sie angebunden war, am Baum oder so. Und wenn Lena dabei war, hat sich das Problem eh nicht ergeben. Rosi musste einfach diesen Blickkontakt zu ihrer Partnerin haben. Und damit war sie dann zufrieden.

Leider hab ich die beiden später, als sie alt waren, doch noch mal voneinander trennen müssen. Lena kam zu einer Familie, bei der sie ihr Gnadenbrot bekam. Sie hatte zu der Zeit schon lange keine Aufgabe mehr bei mir. Und dadurch war Rosi die letzte Lady. Sonst gab's nur noch Wallache. Und Rosi fand und fand da keinen Anschluss und war echt traurig. Irgendwann rief ich diese Familie an und fragte, ob sie Rosi vielleicht auch noch nehmen würden.

Als ich sie dann dorthin brachte, im LKW – die Familie hatte für ihre Pferde so ne Offenstallhaltung, wo die Tiere selber raus und rein konnten –, fuhr ich mit ihr auf die Wiese, wo Lena weidete. Es war schon Herbst. Sie hatten gerade etwas Heu gefüttert … Und dann gab's diesen Moment, an dem Lena erkannte: »Holla, das kommt mir alles bekannt vor. Ich kenn den LKW, ich rieche die Rosi« – man konnte ihre Verwunderung fast greifen. Und als ich Rosi dann auf die Weide draufstellte, gab's eine kleine körperliche Zeremonie, wie ich sie so nicht wiedererlebt hab. Eine kurze Sequenz, in der sich Rosi an Lena rieb. Es war so, als ob sie sagen würde: »Hey, ich bin total froh, wieder bei dir zu sein!« Und als ob Lena, einen kurzen Augenblick nur, Rosi »zunicken« und sagen würde: »Schön, dann ist ja alles so wie früher.«

Gefiederte Werkzeugmacher

Erzählt von Martina Schiestl, Innsbruck

Ich arbeite seit acht Jahren ständig mit Krähen. Zuerst hier in Österreich am Haidlhof, wo der Kontakt mit den Vögeln sehr eng war. Also mit Vögeln, die ich handaufgezogen habe, die bei mir auf dem Arm gesessen sind, auf der Schulter, die hergekommen sind, damit ich sie kraule am Nacken … Und später auf Neukaledonien mit *wilden* Vögeln, wo's darum ging, sie zu fangen, in eine Voliere zu geben und mit ihnen vier bis fünf Monate wissenschaftlich zu arbeiten, um sie dann wieder freizulassen; was für mich eine komplett neue Erfahrung war, aber letztlich auch wieder die Möglichkeit, viel über die Tiere zu erfahren und von ihnen zu lernen.

Neukaledonische Krähen sind deshalb so besonders, weil sie Werkzeuge bauen, um an Futter zu kommen. Das ist ähnlich wie bei Schimpansen, die sich Stecken zusammenholen, damit sie nach Termiten angeln können. Wir kennen ja auch viele andere Tiere, die Werkzeuge verwenden – verschiedene Affenarten, Seeotter und Delfine; aber zu sehen, dass sich Vögel Pflanzen aussuchen und dann *gezielt* Teile davon abziehen, um sie in eine bestimmte Form zu bringen, damit sie zum Beispiel hinter die Baumrinde kommen und Würmer herausholen können – das ist noch mal ein anderes Level. Die Universität von Auckland erforscht das seit Jahren. Und ich habe die Möglichkeit gekriegt, für diese Universität zu arbeiten.

Das Projekt ist so aufgebaut, dass man ankommt – wir haben dort ein kleines Mietshaus mit Gartengrundstück, auf dem auch unsere Volieren stehen; die werden zuerst hergerichtet, und dann fängt man an, Fangstellen im Wald aufzubauen und dort, an einem bestimmten Punkt am Boden, Futter auszulegen. Da geht's darum: Wenn die Vögel herunterkommen und das ausgelegte Futter fressen, kann ich ein Netz über sie drüberfallen lassen.

Für mich war das gleich einer der schwersten Momente: meine erste Krähe fangen zu müssen. Da habe ich die Nacht davor kaum geschlafen, weil ich mich so schlecht gefühlt hab; weil ich *so* ein schlechtes Gewissen gehabt hab, dass ich diese Vögel jetzt aus ihrem sozialen Netz, aus ihrer Freiheit, herausnehme – nur für unsere Wissenschaft. Das hat mir wahnsinnig schiach getan* in dem Moment. Wir haben zum Fangen ein Zelt. Das steht einige Meter von der Falle entfernt. Da sitzt man dann drinnen und wartet, bis die ersten Vögel kommen. Und als das das erste Mal so war und ich gewusst habe: »Okay, jetzt sind sie herunten, jetzt ist der Moment …« – meine Hände haben gezittert, ich hab eher an der Schnur *festgehalten* – und dann habe ich angefangen zu weinen.

Aber ich hab's schlussendlich getan und hab da meine ersten Krähen gefangen. Wir fangen nie einzelne Vögel, sondern immer mindestens Paare, weil wilde Krähen in Gefangenschaft einen sozialen Partner brauchen. Als Nächstes werden sie ausm Netz herausgeholt und wir schauen, dass wir gleich zurückfahren; sie werden beringt – das war dann auch das erste Mal, dass ich eine von ihnen in der Hand gehalten hab –, und am Schluss werden sie in die Voliere entlassen.

Am nächsten Tag geh ich aber schon wieder hinaus, um die nächste Gruppe zu fangen. Bis wir zwischen acht und zehn Vögel

* schiach tun = österreichisch für: nicht guttun, wehtun

haben. Wobei die Gruppen – weil die Männchen oft sehr territorial sind – in einzelnen Abteilen gehalten werden. Jede Gruppe hat zwei, drei Abteile zur Verfügung. Außerdem ist das Ganze so gebaut, dass die Vögel uns nicht sehen müssen. Der Unterschied zu Vögeln, die Menschen gewöhnt sind, ist nämlich: Wilde Krähen mögen keine Menschen! Sie *wollen* nicht herkommen oder Nähe haben. Wenn wir am Anfang in ihre Abteile gehen, fliegen sie raus ins nächste Abteil. Deswegen tun wir in dieser Phase auch nicht viel mit ihnen. Für mich ist es in den ersten Tagen nur wichtig, dass sie fressen, dass sie trinken und dass ihr Gewicht gleich bleibt. Und wenn auch sonst keine Stresszeichen bei ihnen zu erkennen sind, wenn sie mit den anderen sozial interagieren, dann weiß ich, dass es okay ist für sie. Ich sag jetzt bewusst nicht, dass es ihnen gut geht, sondern dass es okay ist.

Nach ein paar Wochen sind die Vögel dann schon viel relaxter im Umgang mit uns und sie sind auch schon mitten im Training für die Experimente. Trainiert wird mit positiver Verstärkung. Die Experimente an sich müssen wir zwar immer noch komplett anders angehen als bei handaufgezogenen Vögeln, aber gerade da ist es jedes Mal faszinierend für mich, was man mit diesen Krähen in kurzer Zeit alles machen kann. Weil sie unglaublich neugierig und intelligent sind. In der Natur bauen sie sich ihre Werkzeuge ja lösungsorientiert. Für jede Situation ein neues Werkzeug. Wenn sie auf einen dieser großen Würmer unter der Baumrinde aus sind, haben sie teilweise einen Haken vorne drauf, weil sie wissen, dass sie den Wurm einhängen müssen, um ihn herausziehen zu können. In einem anderen Fall brauchen sie vielleicht etwas, um den Wurm rauszu*rollen*. Da muss der Stecken dann eher dick und stabil sein.

Diesen einfachen Gebrauch von Werkzeug hab ich in der Natur schon oft gesehen. Aber es geht auch raffinierter. Einmal bin ich zum Beispiel bei uns auf Neukaledonien im Garten gesessen und es sind ein paar Krähen aufs Grundstück geflogen – und da hab ich beobachtet, wie eine von ihnen immer auf ein Stückl Holz pickt – und hab dann schon gedacht: »Okay, das könnte heißen, dass ein dicker Wurm darunter ist.« Dann ist sie weggeflogen und mit einem gebogenen Stab im Schnabel wiedergekommen, hat ihn mit dem Fuß festgehalten und angefangen, Teile davon herunterzureißen. Dann ist eine zweite Krähe gekommen, die zugeschaut hat. Und dann hat die erste den Stab genommen und im Holz damit herumgewerkelt. Und irgendwann hat sie's geschafft, der Wurm war heraußen und gefressen und weg war der Vogel.

Ich habe allerdings nie gesehen, wie eine Krähe ein *Hakenwerkzeug* gebastelt hat. Und wir vermuten jetzt, das liegt daran, dass in der Gegend, in der wir die Krähen fangen, diese Art des Werkzeugbauens nicht Teil der Tradition ist. Eine Hypothese zu Neukaledonischen Krähen ist ja, dass es bei ihnen eine *Kultur des Werkzeuggebrauchs* gibt. Wobei mit Kultur dasselbe gemeint ist wie bei Menschen: eine auf eine bestimmte Region begrenzte Weitergabe von Wissen. Also ein extrem spannender Aspekt bei Vögeln! Allerdings ist das im Moment noch nicht bewiesen.

In der Voliere habe ich natürlich das Problem, dass ich ihnen die Pflanzen, die sie zum Werkzeugmachen normalerweise verwenden würden, nicht alle geben kann. Ich muss ihnen also einen Ersatz beziehungsweise ein bereits fertiges Werkzeug geben. – Da ist wieder das Interessante daran, dass ich es ihnen *in anderem Kontext* zur Verfügung stellen kann. Zum Beispiel kriegen sie von uns oft Stäblein angeboten, mit denen sie spielen können. Dann rufe ich sie in den Experimentierraum rüber: Zum Beispiel: »Freddie!« Und Freddie fliegt herüber zu mir – obwohl er mich nicht gesehen hat; und jetzt steht da nur eine Röhre auf dem Tisch, in der Futter drinnen ist. Es gibt keinen Lösungsvorschlag von meiner Seite. Er muss sich also erinnern, dass er ja drüben diesen Stick gekriegt hat. Und tatsächlich fliegt er wieder in die andere Voliere, klaubt den Stick auf, kommt wieder her und holt sich damit das Futter aus der Röhre heraus.

Wenn man so was erlebt hat! – Leute, die uns beim Einfangen geholfen haben und nach drei Monaten wiedergekommen sind, waren teilweise total baff, was aus den Vögeln geworden ist. Einfach, weil die Tiere mit uns schon so eine Routine entwickelt haben, so eine Freude am Arbeiten. Man konnte spüren, dass es für sie jedes Mal spannend war, mit uns in die Experimentierabteile reinzugehen und zu schauen, was wir heute für sie vorbereitet haben.

Das Interessanteste war für mich aber immer wieder, einfach nur ihr Verhalten über die Monate zu beobachten. Zu sehen, wie sich ihre Persönlichkeiten herausentwickeln. Geradschnabelkrähen schauen ja mehr oder weniger identisch aus. Sie sind komplett schwarz gefiedert. Aber ich hab teilweise schon nimmer auf ihre Markierung am Fuß schauen müssen, um zu wissen, welcher Vogel wer ist. Manche sind zum Beispiel extrem verspielt. Und wenn ich sehe, dass einer immer mit dem Stabl herumläuft und es irgendwo reinsteckt, dann weiß ich: »Ah, das ist Freddie.« Und solche natürlichen Verhaltensweisen nachher als Basis für wissenschaftliche Daten zu haben; zeigen zu können, dass es in verschiedensten Setups überall auf der Welt möglich ist, mit wilden Tieren – obwohl es keinen direkten Kontakt gibt! – in einer Kooperation zu arbeiten, das ist echt schön.

Trotzdem ist der Tag, an dem wir die Vögel wieder freilassen, für mich immer der, auf den ich mich am meisten freue. Weil ich weiß: Sie leben danach wieder dort, wo sie hingehören. Vorher schau ich natürlich, dass sie besonders viel Futter kriegen; damit es nicht so schlimm ist, wenn sie im Freien zuerst nichts finden. Dann fahren wir sie in das Gebiet, in dem wir sie gefangen haben. – Und ich hab da eben mein eigenes kleines Abschiedsritual, wo ich dem Vogel dafür danke, dass er die letzten Monate so gut mit mir zusammengearbeitet hat, und ihm ein langes, erfolgreiches Leben wünsche. Und dann lass ich ihn frei.

Die meisten fliegen da gleich auf den höchsten Baum, schütteln sich dort ein paar Mal, weil sie dadurch, dass ich sie gehalten habe, Stress loswerden müssen – und in dem Moment haben die im Wald lebenden Krähen meistens schon gemerkt, dass da ein anderer Vogel wieder da ist, und fangen an zu rufen. Das sind Kontaktrufe. Einmal waren innerhalb von einer Minute dreißig, vierzig Krähen da, haben gerufen und die freigelassenen Vögel begrüßt. Die fangen dann meistens ebenfalls an zu rufen. Und ich bin auch überzeugt, dass das stimmt, was wir mittlerweile aus anderen Studien wissen: Sie erkennen, *wer* da ruft.

Letztes Jahr hab ich einen Vater mit seiner Tochter freigelassen. Wobei die Tochter schon die ganze Zeit unglaublich geschrien und auf meine Hand eingepickt hat. Sie wollte einfach *weg*! Und dann lass ich zuerst sie gehen und als Nächstes ihren Vater. Er fliegt rauf in den Baum – und plötzlich kommt ein anderer Vogel aus der anderen Richtung vom Wald her. Beide geben diese Kontaktrufe von sich. Sie setzen sich nebeneinander und begrüßen sich – so richtig mit Schnabel an Schnabel, Kopf an Kopf und Aufbauschen. Das war mit großer Wahrscheinlichkeit seine Partnerin, die nach vier Monaten sofort gecheckt hat, dass *er* es ist. Dass er zurück ist. Die zwei sind dann nebeneinander im Baum gesessen und haben sich gegenseitig geputzt. Und nach zwei Minuten sind sie gemeinsam weggeflogen. Das war einfach *so* schön! Weil ich gedacht hab: Da ist durch die Gefangenschaft nix zerstört worden.

Ich hab auch oft den Fall gehabt, dass ich an den Fangstellen im nächsten Jahr auf neue Vögel gewartet hab und plötzlich Vögel vom Vorjahr – markierte Vögel – runtergekommen sind und sich Futter geholt haben. Solche Tiere fangen wir natürlich nicht. Das wissen sie auch mit der Zeit. Aber es ist beruhigend zu sehen: »Ach, das ist der Black vom letzten Jahr, dem geht's gut. Er kommt jetzt schon mit seinen eigenen Jungvögeln her.« Und deswegen sehe ich diese ganze Arbeit mittlerweile auch sehr positiv. Das Einfangen hat mir zwar jedes Jahr schiach getan, aber ich hab ja jetzt gewusst: Wir schaden ihnen nicht dauerhaft.

Heuer bin ich dann am nächsten Tag wieder in den Wald gegangen; einfach nur, weil ich sie noch mal sehen wollte, weil da halt schon mein Herzblut dranhängt. Ich hab noch ein bissel Fleisch mitgehabt und hab das auf den Bäumen ausgelegt. Nach zehn Minuten sind zwei von den Vögeln hergeflogen. Einer davon – eine von meinen markierten Krähenfrauen von diesem Jahr – hat sich auf den Ast gesetzt und zu fressen angefangen. Und das war gut zu sehen, dass die Vögel zwar nicht nahe zu mir kommen – das sollen sie auch gar nicht; sie sollen ja wild bleiben –, aber dass sie sofort runterkommen und fressen.

Und das ist etwas – da bin ich immer noch dankbar dafür, dass ich die Erfahrung habe machen können, mit so vielen verschiedenen Vögeln zu arbeiten. Ich kann nimmer durch die Stadt oder am Land durch den Wald gehen und Vögel sehen und *nicht* dieses Gefühl haben, dass ich Dinge über sie weiß, die anderen Leuten leider verschlossen bleiben. Manchmal, wenn ich hier im Tiergarten Schönbrunn oder im Schlosspark bin und bei den Krähen beobachte, was da an Kommunikation passiert – oft muss ich dann wieder an die Vögel auf Neukaledonien denken. An Dan zum Beispiel, der einmal besonders gutes Futter in der Voliere hängen gehabt hat. Sein Bruder ist in der nächsten Voliere gestanden und

Dan benutzt Werkzeug, um an Fleisch zu kommen – und es vielleicht hinterher seinem Bruder zu geben

hat reingeschaut; hat aber nicht zum Futter können. Nach einiger Zeit hat Dan ein Stückl Futter genommen und es seinem Bruder durchs Gitter durchgereicht. Dass der auch was hat! Und wenn man so was bezeugen kann: Das zeigt einfach, dass bei den Tieren so viel mehr da ist, als wir ihnen generell zuschreiben.

Mama ist die beste Medizin

Erzählt von Mechthild Knösel, Überlingen / Bodensee

Die Geschichte fing ziemlich genau vor zwei Jahren an – im September – und handelt von einer Kuh, die hieß Ronja. Damals war sie gerade auf der Trockensteher-Weide. Eine Kuh kalbt ja einmal im Jahr. Und bevor das nächste Kalb kommt, kriegt sie für zwei Monate eine Melkpause, das sogenannte Trockenstellen. Das ist aus zwei Gründen nötig: zum einen, weil der Körper am Ende der Trächtigkeit die Kraft nicht mehr in die Milch steckt, sondern in das neue Kälbchen. Und zum andern, weil das Euter, gerade bei einer Milchkuh, auch mal ne Pause braucht, weil es ja schon sehr beansprucht ist.

Wobei bei mir die Tiere im Sommerhalbjahr sowieso alle auf der Weide sind. Die trockenstehenden Kühe sind allerdings nicht mit den Milchkühen zusammen, die zweimal am Tag zum Melken in den Stall müssen, sondern kommen auf eine weiter weg liegende Weide, auf der sie ungefähr sechs Wochen bleiben.

Das war für Ronja also die Ausgangssituation. Sie war nicht bei der Hauptherde, sondern in der Trockensteher-Herde; dort sind deutlich weniger Tiere. Und dann bekam sie plötzlich eine Euterentzündung – was bei meiner Herde ein sehr seltenes Problem ist.

Ich hab sie daraufhin erst mal heimgeholt, ausgemolken und alles getan, was man halt so tun muss. Und sie hat sich auskuriert und ihr Kalb gekriegt. Danach ging das Leben erst mal weiter.

Aber im Winter wurde das Kalb ziemlich krank. Auch das kommt bei meinen Tieren sehr selten vor, denn im Gegensatz zur herkömmlichen Haltung werden hier die Kälber in den ersten Monaten von den Müttern aufgezogen. Das heißt, sie trinken nicht am Eimer oder am Automaten, sondern am Euter der Mutter. Dadurch haben Mutter und Kalb natürlich eine echte Beziehung zueinander – was sich wiederum sehr positiv auf die Gesundheit der Kälber im Allgemeinen auswirkt. – Der Fachbegriff für diese Art der Haltung lautet »Muttergebundene Kälberaufzucht«. Als ich vor dreizehn Jahren damit angefangen hab, gab's sonst fast niemanden, der das auch gemacht hat. Nur einige wenige. Und wir wussten auch nix voneinander. Jeder hat vor sich hin experimentiert.

Für mich gab's für dieses Experimentieren vor allem zwei Gründe. Als ich diese Herde hier übernommen hab, hab ich im Prinzip eine durchschnittliche Eimeraufzucht vorgefunden. Da wurde halt die Milch im Eimer gegeben. Und die Kälber waren einfach viel krank. Jetzt könnte man sagen, dass Krankheiten im Kälberstall heute leider normal sind. Man kann ja alle möglichen Nahrungsergänzungsmittel für Kälber kaufen, damit sie überhaupt fit bleiben. Und trotzdem hat es mich gestört. Dabei waren die Verhältnisse bei uns sogar relativ gut, weil das hier ein alter Biobetrieb ist. Hier wurde schon 1932 auf Demeter umgestellt. Aber die Kälber hatten trotzdem Durchfälle, sie hatten Nabel- und Lungenentzündung. Und ich wollte nicht akzeptieren, dass es nicht auch ohne solche Probleme gehen sollte.

Das war der eine Grund für meine Überlegungen. Der andere ist schwerer zu erklären. Ich bin jetzt seit über zwanzig Jahren mit Rindern befasst, hab viel gemolken in meinem Leben – und hatte eigentlich immer den Eindruck, dass die Kühe uns ganz gerne ihre Milch geben. Aber wir schießen in Zucht und Haltung total übers Ziel hinaus. Ich rede von »wir«, weil das die allgemeine landwirtschaftliche Situation in der westlichen Welt ist. Zum Beispiel haben wir die erste Kalbung krass verfrüht: auf einen Zeitpunkt, zu dem die Kuh noch gar nicht wirklich ausgewachsen ist. Außerdem wird ihr, schon ab diesem jungen Alter, eine hohe Milchleistung abverlangt, sonst fliegt sie einfach raus; wird sie ausselektiert; »taugt nix!«

Wobei halt immer und überall das Geld zählt. Eine hohe Leistung beim Einzeltier *klingt* besser – ich sage bewusst: klingt! *Ist* nicht besser, aber *klingt* besser als eine geringere Leistung. Denn es ist ja die Frage: Was muss ich aufwenden, damit eine Kuh zehntausend Liter im Jahr geben kann? Diese wirklich hohe Leistung erreichen heutzutage schon viele. Nur: Wie gesund können sie dabei noch sein? Ein großer Teil des Aufwands in solchen Betrieben sind ja die Tierarztkosten. Und dann: Futterzukauf von Gott weiß wo, Fütterungstechnik, Stalltechnik …

Wenn die Tiere dagegen – so wie hier – sieben Monate fast nur auf der Weide sind, habe ich schon mal sehr wenig Maschinenkosten, um diese Milch zu erzeugen, weil die Tiere draußen das Futter selber aufnehmen. Es sind ja Grasfresser. Mein Anspruch ist: Ich erzeuge Milch und Fleisch – aus Gras. Das betone ich so, weil mir kein Getreide und kein Mais und kein Soja in den Stall kommt. Es ist für mich wichtig, den Wiederkäuer in seiner Ausrichtung als Wiederkäuer zu unterstützen. Alles, was ich nur einsetzen würde, um die Leistung zu steigern, was aber dem Wiederkäuer nicht entspricht und deshalb seine Gesundheit gefährdet, lehne ich ab. Damit spare ich auf gewisse Weise sogar Kosten; weil ich beispielsweise die Flächen meines Betriebes nicht hektarweise für Futtergetreide verwenden muss, sondern darauf was anderes anbauen kann. Menschengetreide. Oder Hühnergetreide. Aber kein Wiederkäuergetreide. Das macht für mich überhaupt keinen Sinn.

Und das sind halt alles so Bausteine, die ein System entweder zu einem Low-Input-System machen oder zu einem High-Input-System. Ich kann zwar zehntausend Liter melken, wenn ich das unbedingt will, aber ich habe dafür sehr viel Aufwand. Abgesehen davon, dass so was ganz bestimmt nicht mit Tierwohlsein einhergeht, weil die Tiere dabei immer am Anschlag sind. Die heute übliche Situation ist ja die, dass Kühe nach dem ersten Kalb durchschnittlich noch knapp eineinhalb Jahre Milch geben und dann – mit dreieinhalb, vier Jahren – eigentlich schon keine Kraft mehr haben. Was sich am häufigsten durch Unfruchtbarkeit äußert. Oder durch Krankheit anderer Art.

Aber klar: Ich persönlich fahre ne *völlig* andere Linie. Das, was ich im Hinblick auf erwachsene Milchkühe mache – dafür gibt's auch wieder einen Fachbegriff –, ist Lebensleistungszucht. Das bedeutet: Wenn die Kuh langsam anfangen darf, wenn sie also nicht zu früh kalben muss und ihr auch nicht gleich zu viel Leistung abverlangt wird, wenn sie nicht einfach rausfliegt, sondern auf natürliche Weise gesund bleiben darf, sodass man sie nicht ständig »reparieren« muss, dann *steigert* sie die Milchleistung mit dem Alter sogar. Das heißt, je älter sie wird, desto leistungsbereiter ist sie – *wenn* sie sich nicht schon als junges Tier verausgaben musste. Und da denke ich manchmal: »Warum beherzigen das so wenige?« So zu arbeiten finde ich im besten Sinne nachhaltig. Bei mir dürfen die Tiere ein langes Leben führen. Und ich habe den Eindruck: Sie danken mir das durch hohe Leistung im Alter. Denn das ist bei mir definitiv so – dass die alten Kühe am meisten Milch geben.

Das war für mich – neben der Kälbergesundheit – also der zweite Grund, warum ich gesagt hatte: »Da muss sich etwas verändern. Grundlegend!« Ich hatte, auch hier bei uns, den Eindruck: Die Kühe *geben* jeden Tag Milch, sie *geben* jedes Jahr ein Kalb, und ich *nehme* es. Ich nehme alles. Was mir dabei gefehlt hat, war einfach die Beziehung der Kuh zu ihrem Kalb. Denn wenn wir mal kucken: Das, was ein Säugetier hier auf der Welt wirklich erfüllt, ist doch das Aufziehen des Jungtiers. Aber das ist in einem herkömmlichen Betrieb überhaupt nicht vorgesehen. Meist wird ja getrennt, bevor die Kuh das Kalb überhaupt realisiert. Das heißt, sie hat ne scheiß schmerzhafte Geburt, und danach nimmt man ihr gleich das Kalb weg. Das gilt als ganz normal.

Wir haben hier früher immerhin versucht, eine Art Mittelding zu machen – was auch nicht nur gut ist. Und zwar ließen wir das Kalb bei der Mutter, solange sie Kolostralmilch produzierte, also die Erstmilch, die für die Immunabwehr des Kalbs wichtig ist. Aber danach abrupt zu trennen – nach vier oder fünf Tagen –, das war derart furchtbar, das kannst du dir gar nicht vorstellen! Das Kalb musste an den Eimer gewöhnt werden, vom Euter der Mutter weg, ging in der Regel erst mal in den Hungerstreik und hat gebrüllt wie am Spieß. Und die Mutter hat auch gebrüllt. Und das Ganze in einem Stallgebäude! Drei Tage und drei Nächte Panik pur! Wir haben die Wand zwischen Kuh- und Kälberstall immer höher gemacht, damit die da in ihrer Verzweiflung nicht drüberspringen. Fürchterlich! Deshalb habe ich auf der einen Seite gemerkt: »Ich muss für die Kälber was tun, damit die gesünder sind.« Und auf der anderen: »Wer kann dafür besser sorgen als die Mutter?« So kam ich da drauf.

Tja, und dann hab ich's einfach angefangen. Natürlich klingt das auf gewisse Weise fast absurd, dass man sich überhaupt fragen muss: »Wie mach ich das jetzt, dass Kälber an Kühen saugen?« Das haben sie ja schon immer getan. Ganz von allein. Aber so etwas in eine Milchviehhaltung zu integrieren, bei der auch gemolken wird – das ist schon ein bisschen kompliziert. Es hat einige Jahre gebraucht, bis ich wusste, wie's geht. Aber mittlerweile läuft es super. Ich hab gesunde Kälber. Und die Mütter haben das Kalb. Sie dürfen's wirklich aufziehen. Ich hab jetzt ein System entwickelt, bei dem die beiden in den ersten drei Monaten *immer* zusammen sind. Das ist dann eine Mutter-Kalb-Herde. Und danach gibt es verschiedene Schritte in Richtung Trennung, damit das nicht zu plötzlich passiert. Wohinter einfach die Erfahrung steckt, dass jede abrupte Veränderung ein Problem für ein Tier ist.

Und im Prinzip mache ich es so, dass Mutter und Kalb sich nach den ersten drei Monaten anfangs noch zweimal am Tag treffen – diesen Schritt machen sie erstaunlich gut mit; das sind dann noch mal zwei, drei Wochen, in denen die Kuh zuerst das Kalb versorgt und anschließend zum Melken kommt. Und danach dürfen sie sich eine Woche lang noch am Abend sehen. Weil, dann haben sie nicht vierundzwanzig Stunden Stress, sondern höchstens zwölf Stunden und dann wieder ne Entspannung. Dann haben sie morgens wieder Stress, weil, »hm, es ist doch jetzt Tränkezeit!«, und abends wieder ne Entspannung. So kriegen wir den Ball einigermaßen flach gehalten, bevor ich die beiden ganz trenne und die Kuh zurück in die Milchviehherde geht. Worauf die Kälber erstaunlich flexibel reagieren. Das ist auch der Clou an der ganzen Sache: Die Kälber trinken einfach an den anderen Müttern mit. Denn was nicht gut wäre: ihnen gleichzeitig die Mutter wegzunehmen *und* die Milch. Dann hätten sie gleich zwei Probleme: ein emotionales und ein physiologisches.

Aber die Mutter kriegt diesen letzten Schritt natürlich voll mit. Klar, die ist ja nicht blöd. Und sie äußert auch ihren Schmerz. Oder ich sag's mal so: Es gibt Kühe, die leiden laut, und es gibt Kühe, die leiden leise. Aber leiden tun sie alle. Sie drücken's nur unterschiedlich aus. Ich hab jetzt gerade eine, die beklagt sich lautstark, wenn sie von der Weide kommt. Und ich hab eine, die sagt überhaupt nix. Aber natürlich merke ich, dass sie genauso Stress hat. Und das ist auch für mich voll schlimm. Für mich ist das immer noch kein guter Zustand. Und ich hab zwar alle möglichen Ideen, wie ich's ändern könnte, aber es ist bis jetzt nicht so einfach umzusetzen.

Es ist auch ganz unterschiedlich, wie lange die Kuh diesen Stress hat. Es gibt gelassene Tiere; die sind sofort entspannt. Und es gibt welche, die gar keine Milch laufen lassen, sondern sie noch ne Zeit lang fürs Kalb hochziehen. Das kann zwei, drei Tage dauern, bis sie locker lassen.

Jetzt hab ich bei dieser Art der Haltung natürlich überhaupt einen gewissen Verlust. Denn wenn ich die ersten drei Monate fast keine Milch von der Kuh kriege – noch dazu in der Phase, in der sie am meisten Milch gibt –, dann ist das schon eine Einschränkung. Die nehme ich aber gern in Kauf für gesunde Kälber und überhaupt: glückliche Tiere. Außerdem habe ich dadurch, dass die Kälber in den ersten Monaten bei den Müttern mittrinken, ja auch weniger Arbeit als früher. Da musste ich die gekühlte Milch – die ich ja erst mal melken musste – aus dem Tank nehmen, sie mit dem Tauchsieder warm machen, genau auf achtunddreißig Grad, in die Milcheimer füllen, mit denen zu den Kälbern hetzen, damit sie unterwegs nicht abkühlt ... Dann waren die Eimer total schnell leer und man musste die Kälber einsperren, damit sie nicht anfingen, sich gegenseitig zu besuckeln, weil der Saugreflex ja viel länger geht als die paar Minuten, bis der Eimer leer ist. Also muss man eine Ablenkungsfütterung machen ... Alles so Späße.

Aber um wieder auf unsere Ronja zu kommen – das war nun genau der Punkt, an dem sie stand: Sie hatte ihre Euterentzündung hinter sich, hatte gut gekalbt, das Kalb aufgezogen; dann wurde das Kalb krank – und zwar, als es gerade mal ein paar Wochen getrennt war von der Mutter. Und dann wurde es aber derart krank, dass ich sagte: »Ich geb ihm die Mutter zurück.« Was schon etwas ist, das man sich gut überlegen muss. Weil, das ist ja klar:

Die beiden müssen anschließend zum zweiten Mal getrennt werden. Die Situation war allerdings so prekär, dass ich gedacht habe: »Egal. Dieses Kalb braucht jetzt seine Mama.«

Also hab ich die beiden noch mal zusammen in eine extra Box getan. Das heißt, die *hatten* sich. Pur. Und die Fürsorge der Mutter hat auch tatsächlich geholfen. Ich hab das natürlich homöopathisch unterstützt, weil ich damit bei den Tieren gute Erfahrungen gemacht habe, aber die Mutter hat das meiste gemacht, würde ich sagen.

Tja, und dann, als das Kalb wieder richtig gesund war, habe ich noch mal ne Trennung gemacht. Und die war schlimm. Für beide. Zu dem Zeitpunkt – das war im Februar oder März – war allerdings schon etwas passiert, was ich damals noch nicht wusste. Im Grunde soll eine Kuh ja ungefähr drei Monate nach dem Kalben wieder trächtig werden. Jetzt wurde Ronja aber nicht trächtig. Obwohl ich sie regelmäßig zu unserem Bullen getan hatte. Das war das erste Problem. Da hab ich schon gedacht: »Ronja, was ist los?« Und ich glaube, es war im April, dass sie von heute auf morgen anfing zu lahmen. Ich hab die Klaue untersucht und nix gefunden; und war da schon etwas ratlos, weil, es war Weidesaison, und da müssen die Tiere bei mir viel laufen. Der Bewegungsapparat muss einfach intakt sein. Aber Ronja hat immer eines der Vorderbeine, von der Schulter her, hinter sich hergezogen. Dadurch wurde mir auch klar: Das liegt nicht an der Klaue, das ist irgendwas weiter oben.

Wobei ich durchaus immer im Hinterkopf hab, dass das auch ein seelisches Phänomen sein kann. Gerade in Bezug auf die Fruchtbarkeit reagieren Tiere sehr sensibel auf alle möglichen Einflüsse. Es kann also zum Beispiel sein, dass der Schmerz, den die Kuh über die Trennung von ihrem Kalb empfindet, so groß ist, dass sie erst mal nicht bereit ist, wieder trächtig zu werden. Solche

Sachen beziehe ich mit ein. Was total unüblich ist. Da rede ich auch nicht mit vielen Leuten drüber, weil, das ist ja nicht »normal«. Da gibt man lieber eine Hormonspritze und dann geht das Leben weiter. *Das* ist das Normale.

Und – ach, ich hab dann die Tierheilpraktikerin geholt, und hab ja auch selber noch Möglichkeiten, aber das hat alles nicht zum Erfolg geführt. Bis eines Tages ein befreundeter Tierarzt zu Besuch kam und ich ihn – eher nebenher – gebeten hab, mal zu kucken, warum diese Kuh nicht trächtig wird. Außerdem hab ich gesagt: »Ja, übrigens, die läuft irgendwie so schlecht. Kannst du bitte auch nach dem Bein kucken?«

Also hat er das gemacht, während ich drüben im Melkstand war. Hat sie erst mal auf ihre Fruchtbarkeit hin untersucht. Hat das Bein osteopathisch behandelt. Und dann hat er sich mit ihr *unterhalten*. Ich wusste gar nicht, dass er das kann. Ich hab dadurch überhaupt erst erfahren, dass er sich mit Tierkommunikation auskennt. Jedenfalls hat er Folgendes von Ronja gehört. Und zwar hatte ich im September – das heißt also da, wo unsere Geschichte angefangen hat – eine Kuh geschlachtet. Eine in der Rangordnung weit oben stehende Kuh, Ronjas beste Freundin. Seitdem, meinte sie, hätte sie ein Problem. Ich hatte meinem Tierarzt-Freund gar nix von dieser Vorgeschichte gesagt. Auch nix von dieser befreundeten Kuh. Ich hatte das selber gar nicht in Zusammenhang gebracht. Schließlich schlachte ich immer wieder mal Kühe. Aber ich hab nachher zurückverfolgt, dass der Tag der Schlachtung wirklich genau der Tag gewesen war, an dem Ronja ihre Euterentzündung bekommen hat. Dabei war sie drei Kilometer weit entfernt auf der Trockensteher-Weide. Und ihre Freundin war in der Milchviehherde hier am Hof. Ronja konnte also – wenn wir jetzt mal so ganz materialistisch denken – gar nicht wissen, dass diese Freundin weg ist. Sie *hat's* aber gemerkt.

Jetzt ergab für mich plötzlich alles einen Sinn. Allerdings einen, den ich so nie erwartet hätte. Ich meine, auf der einen Seite kann man sich natürlich fragen: Warum beziehen wir gewisse Dinge nicht automatisch in unsere Überlegungen mit ein? Zum Beispiel, dass es ein Problem ist, wenn ich ein Tier aus der Herde herausnehme oder schlachte oder auch nur auf die Trockensteher-Weide bringe. Denn dadurch muss sich die Herde jedes Mal wieder rangordnungsmäßig sortieren, was naturgemäß für große Unruhe sorgt. Je geringer ich die Bewegung innerhalb der Herde halten kann, desto besser ist es. Und: Warum beziehen wir nicht mit ein, dass es Freundschaften gibt? Klar, das eine ist: Ich mache hier Nutztierhaltung. Und wenn eine alte Kuh geschlachtet werden muss, dann wird sie geschlachtet. Ich bin kein Hobby-Tierhalter oder Sentimentalo oder sonst was; sondern ich will ne ordentliche Milchviehhaltung. Auf der anderen Seite führen Geschichten wie die von Ronja bei mir durchaus zu Aufwachmomenten. Ich hab das als großes Geschenk empfunden, dass sie dem Tierarzt ihr Problem irgendwie mitteilen konnte; weil ich's halt nicht versteh.

Dieses Erlebnis hat mir auch in späteren Situationen, in denen ich Kühe rausgenommen habe, viel geholfen. »Was heißt das jetzt für die Herde?« Da beobachte ich mittlerweile ganz anders und versuche die Wechsel, um die ich natürlich nicht herumkomme, so gut wie möglich zu begleiten. Vor allem weiß ich jetzt, dass ich den Tieren auch in diesem Punkt Bescheid sagen muss. In puncto Schlachtung oder Trennung von Kuh und Kalb mache ich das schon länger. Wobei ich es nicht immer auf dieselbe Art mache. Wenn es um einen Wechsel in der Herde geht, kann ich es durchaus der Herde als Ganzes sagen. Die Herde ist für mich grundsätzlich wie ein Gegenüber. Ich weiß nicht, ob ich's Wesen nennen soll, aber sie ist eine Einheit. Ich kann's also der Herdeneinheit sagen, ich kann's aber auch einzelnen Tieren sagen, wenn ich weiß, dass sie eine besonders ausgleichende Funktion innerhalb der Herde haben. Aber wenn's ums Schlachten geht, sag ich das immer dem Tier selber, dass es jetzt so weit ist. Ich sag ihm danke für alles und bereite es so darauf vor, dass es gehen muss. Das ist ein paar Tage vor dem Schlachten ein bewusster Schritt. Und es ist echt schlimm für mich, wenn ich das aus irgendeinem Grund nicht machen konnte. Weil's einfach wesentlich ist. Zum Beispiel verlade ich die Tiere ja selber in den Hänger und bringe sie zum Schlachthof. Und meine Erfahrung in diesem Zusammenhang ist: Wenn ich das Tier nicht drauf vorbereiten konnte, lässt es sich auch sehr schlecht verladen.

Nun wäre es mir natürlich ein großes Anliegen, wenn das Schlachten – also das Betäuben und Töten – nicht beim Metzger oder im Schlachthof stattfinden würde, sondern hier. Darum kämpfe ich seit Jahren. Ich möchte, dass das Tier in seiner gewohnten Umgebung bewusstlos wird. Weil, im Prinzip ist es ja so: Ab dem Moment, wo ich es von der Herde trenne, kommt es in einen gewissen Stress. Solange ich da bin und etwas passiert, was sonst auch passiert – dass ich zum Beispiel das Tier mit meiner Körpersprache treibe –, funktioniert das noch ganz gut. So wie ich überhaupt versuche, diesen letzten Weg, also das, was ich selber tun kann, zu optimieren. Aber ab Schlachthoftür muss ich meine Verantwortung nach und nach abgeben. Da ist zuerst mal das Aussteigen aus dem Hänger – in einer Atmosphäre, wo schon Adrenalin in der Luft liegt. So was nehmen Rinder unglaublich sensibel wahr. Und dann dieses: »Ich bin da jetzt in einer Box, und da ist ein anderes Tier, das kenn ich nicht!« Das ist schon der nächste Stress. Das würde eigentlich schon reichen. Ich glaube, als Außenstehender kann man sich so etwas kaum vorstellen, aber: Ein Rind allein: Das ist schon der halbe Tod. Von der Herde getrennt zu sein, das geht *gar nicht*.

Und dann haben wir natürlich das nächste Problem, dass die Tiere im Schlachthof oder in anderen Schlachtstätten – egal wo – von Menschen in die Tötungsbox gebracht werden, die gar nicht dafür ausgebildet sind. Tiere betäuben, töten, zerlegen, alles das: Das können sie, das haben sie gelernt. Aber was sie *nicht* können, was sie auch nicht gelernt haben, ist, ein lebendiges Wesen bis zur Tötungsbox zu bringen. Und das ist noch ein rechter Weg. Da gibt's erst mal den Wartestall. Dann muss das Tier da rausgefischt werden, muss nen Treibgang entlang, um so ne bescheuerte Kurve rum – bis es endlich in dieser blöden Tötungsbox ist, wo es betäubt werden kann. *Das* ist das Problem.

Aus diesem Grund richte ich es mir, wenn ich nur irgendwie kann, so ein, dass ich das Tier selber in die Tötungsbox bringe. Die Leute am Schlachthof rollen da schon immer mit den Augen: »Herrje! Mechthild ist da!« Ich bin für die echt ein bisschen die Bekloppte. Aber sie lassen es zu. Nur ist das letztlich ja nicht die Lösung. Weil, es gibt halt auch Situationen, wo's bei mir grad nicht passt, von meinen eigenen Abläufen her. Wenn ich zum Beispiel grad nicht in die Tötungsbox komme, weil da schon zehn andere warten und ich noch eine Stunde dableiben müsste. Das bedeutet dann: Jemand anders treibt mein Tier da rein. Und eigentlich sag ich an dieser Stelle: »Tschüss, Schatzi, ich geh dann mal. Hab noch ne gute letzte Stunde in deinem Leben.«

Insofern ist es mein Ziel, dass ich die Tiere bei mir im Stall betäuben darf. Dann müsste ich sie eben in einen Hänger ziehen, mit Drahtseilen und Seilwinde, und dann da drin entbluten. Und anschließend das tote Tier zum Schlachthof bringen. – Ich hab vor einiger Zeit, als ersten Schritt, einen sogenannten Sachkundenachweis gemacht, dass ich selber betäuben kann. Weil, um das geht's mir ja auch noch: dass *ich* vor dem Tier stehe und es mit dem Bolzenschuss betäube. Weil ich's für mich einfach konsequent finde zu sagen: »Ich löffel das aus bis zum Schluss.« Auch wenn das total schräg klingt: Aber das ist etwas, was mir richtig fehlt. Ich empfinde die derzeitige Situation wie einen Bruch. Einen Vertrauensbruch kurz vor Schluss.

Und das bringt mich noch mal zu unserer Ronja. Als der Tierarzt mir von seinem Austausch mit ihr erzählt hatte, hab ich ihn noch gebeten, sie zu fragen, was sie möchte. Sie wurde ja nicht trächtig und hatte inzwischen auch sehr wenig Milch. Was normalerweise der Punkt ist, wo man als Betrieb sagt: »Okay, das Tier muss gehen.« Bei den meisten Kühen fällt es mir auch nicht schwer, das zu entscheiden. Das ist nicht jedes Mal so ein Riesenprozess. Aber weil ich bei Ronja das Gefühl hatte, etwas gelernt zu haben, wollte ich sie einbeziehen. Es hilft ja auch nichts, wenn ich immer wieder probiere, sie trächtig zu kriegen, sie aber gar nicht *kann,* weil sie so sehr um ihre Freundin trauert.

Und da hat sie gesagt: »Ich möchte einfach nur hier sein.« Fertig. Woraufhin ich etwas gemacht habe, was ich sonst nie mache: eine Kuh, die keinen Nutzen mehr hat, wirklich nur hier sein zu lassen.

Das war immer noch im April. Und, ich glaube, Ende August hat sie wieder dieses Problem mit der Schulter und dem Laufen gekriegt; ziemlich arg. Irgendwann war's schwierig, sie überhaupt auf die Weide zu bringen und wieder zurück. Mal hab ich sie drin gelassen, dann wieder selber entscheiden lassen, ob sie mit auf die Weide läuft. Aber dieses Mitlaufen war für sie ne Qual, eigentlich ging das gar nicht mehr. Sie ist am Schluss auf drei Beinen gelaufen.

Deshalb hab ich gedacht: »Okay, ich muss jetzt hier eine Entscheidung treffen.« Dass diese Phase, in der sie einfach hier sein wollte, vorbei ist, hatte sie mir im Grunde gezeigt. Aber ich wollte sicher sein, ob ich's auch richtig verstanden hatte. Für mich war das eine so sensible Geschichte, dass ich ihr nicht sagen wollte: »Ja, dann gehste halt.« Weswegen ich also noch mal den Tierarzt gebeten hab, mit ihr zu sprechen. Und im Rahmen dieses Austauschs hat sie dann gesagt, dass sie bereit ist zu gehen. Das war Ende September. Woraufhin wir sie geschlachtet haben.

Und nun ist es ja so, dass wir hier Demeter-Landbau betreiben. Dazu verwenden wir bestimmte Präparate, für die zuerst verschiedene Heilpflanzen in tierische Hüllen gepackt werden. Tierische Hüllen insofern, als wir von einer Kuh zum Beispiel den Darm nehmen und Kamille reintun. Eine andere tierische Hülle ist das Bauchfell. Das ist ja das, was den ganzen Verdauungstrakt zusammenhält. Da kommt Löwenzahn rein. Das wird anschließend vergraben, bleibt über den Winter in der Erde und wird im Frühjahr wieder ausgegraben und in den Kompost gebracht.

Und weil man dazu *frische* Organe braucht, wird für diesen Anlass einmal im Jahr eine Kuh geschlachtet. Natürlich würde diese Kuh sowieso geschlachtet werden, und wir verbrauchen auch ganz normal das Fleisch, aber gewisse Organe, die sonst Schlachtabfälle wären, benutzen wir für die Präparate; was für mich insgesamt noch mal ne Aufwertung des Tieres bedeutet. Im Jahr zuvor hatte ich aus diesem Grund Ronjas Freundin geschlachtet. Und jetzt eben Ronja.

Und dann war halt der Tag, an dem wir die Präparate hergestellt haben. Wobei wir meist den neuen Mitarbeitern erklären, warum und wie wir das machen. Zu diesem Zweck standen wir hier auf dem Hof und jemand hielt dieses Bauchfell hoch. So ein Bauchfell kann manchmal total verfettet sein. Aber das von Ronja war fast durchsichtig und fein – sodass die Sonne durchschien. Und ich stand da mit den anderen Leuten … Zum Glück musste ich nix sagen, weil, ich war wie vom Donner gerührt: Plötzlich war Ronja da. Natürlich nicht Ronja in Fleisch und Blut, sondern Ronjas Wesen. Eigentlich war's also gar nichts Trauriges. Aber ich hab quasi aus heiterem Himmel angefangen zu heulen und musste erst mal drei Schritte rückwärts gehen, um mich zu sortieren.

Tja, und dann haben wir den Löwenzahn eingefüllt und das Bauchfell vergraben. Das klingt jetzt vielleicht alles ein bisschen mysteriös. Aber es ist einfach ein Teil unserer Arbeit, der sich bewährt hat; weil diese Heilpflanzen in dieser Präparation tatsächlich eine starke Wirkung haben. Im Frühjahr holen wir sie dann wieder aus den tierischen Hüllen raus und geben sie in Tontöpfe. Und ich kompostiere ja hier unseren ganzen Mist. Immer wenn eine Mistmiete voll ist, mache ich in meinen Komposthaufen mit einem Besenstiel ein Loch und gebe eines der Präparate rein. Ein paar Schritt weiter das nächste. Und so gehe ich um diese ganze große Mistmiete herum. Und dieses Präparat wirkt dann in dem ganzen großen Komposthaufen. Und nachher wirkt es auf den Flächen, auf denen wir den Kompost ausbringen. Das ist ja das eigentliche Ziel. Dass wieder was draus entsteht.

Ach, nasse Pfoten!

Erzählt von Sabine Mayr, Pfaffenwinkel

Zu Tieren hat's mich schon immer hingezogen, aber daheim durfte ich kein Haustier haben. Weshalb für mich immer klar war: Sobald ich ausgezogen bin, hab ich auch ein Haustier.

So schnell ging's dann aber doch nicht. Ich bin 2004 mit meinem Freund zusammengezogen, und zwei Jahre später hatte ich immer noch kein Tier. Dann waren wir aber im Sommerurlaub in Venedig; ne Woche lang. An einem Tag hat's so wahnsinnig geregnet, dass wir uns in ein Internetcafé geflüchtet haben. Und da ist in den Tierkleinanzeigen zufällig eine Wurfankündigung für Berner Sennenwelpen aufgeploppt, von einer Familie irgendwo in Hessen; mit einem Bild vom letztjährigen Wurf. – Und das hat mich so gepackt, dass ich gesagt hab: »Das ist es! So einen will ich haben. Ich will unbedingt nen Hund. Ich will, ich will, ich will.«

Mein Freund hat gesagt: »Spinnst du? Wir sind Studenten, wir wohnen im dritten Stock in ner kleinen Wohnung, wir haben doch gar keine Zeit. Und irgendwie – das ist doch Blödsinn!«

Ich hab mir das aber in den Kopf gesetzt; und hab dieser Familie sofort eine E-Mail geschrieben. Klar, als Student im dritten Stock ist man nicht gerade Favorit für Berner Sennenwelpen, da kriegen kaufkräftigere Leute oder solche mit Garten eher den Zuschlag. Dann hatte ich denen aber offenbar so voller Inbrunst geschrieben, dass sie mich wirklich anriefen – und im Lauf des Gesprächs wohl auch merkten, wie viel mir daran liegt. Und so haben sie mir einen von den Welpen reserviert.

Vier Monate später konnten wir Balu dann holen. Kurz vor Weihnachten war das. Und der war natürlich total süß. Wie so ein kleiner Teddybär. Aber nach den ersten paar Nächten, die ich nicht mehr geschlafen hab, weil er ständig pinkeln musste oder dieses und jenes war, hab ich mir schon gedacht: »Wow, krass, jetzt bin ich dreiundzwanzig und hab ganz plötzlich ein kleines Kind.«

Als er ein halbes Jahr alt war, hab ich ihn dann mit in die Uni genommen. Und auch zu meinem Zwanzig-Stunden-Nebenjob im Fraunhofer-Institut in Erlangen. Das fanden dort alle super, weil das so entspannend gewirkt hat: mit dem Tier spielen; mit dem Tier kuscheln … Balu hat ne Ausstrahlung gehabt, dass selbst Leute, die große Angst vor Hunden hatten, ihre Scheu innerhalb kürzester Zeit verloren haben. Wir haben gesagt, das ist unser Hunde-Jesus. Weil er wirklich keiner Fliege was zuleide getan hat.

Und dann kam eigentlich die prägendste Phase, oder die, die uns besonders zusammengeschweißt hat. Das war im folgenden Sommer, da war er fast ein Jahr alt. Damals sind wir – mein Freund und ich und Balu – nach Schweden gereist. Keine Ahnung, was Balu angestellt hat oder was genau passiert ist; ich weiß nur, dass wir zurückkamen und sein Auge immer mehr anschwoll. Das hat richtig heftig ausgeschaut. Als würde es bald aus der Augenhöhle fallen. Wie ein Golfball – so groß war das.

Dann bin ich zur Tierärztin. Aber die hat gesagt, sie kann da gar nichts machen, da muss ich zum Spezialisten gehen. Also haben wir einen Augenspezialisten in Nürnberg ausfindig gemacht. Der hatte spezielle Geräte, mit denen er ins Auge reinschauen konnte, und meinte dann: »Da schwimmt ein Fremdkörper hinten im Glaskörper und verursacht diese Probleme; weil, der zerstört nach und nach die Netzhaut; und der muss rausoperiert werden oder das Auge ist nicht mehr zu retten.« Aber aus seiner Sicht könne man das operieren. Diese OP sei allerdings ein Präzedenzfall, weil er das in der Form noch nicht hatte. Er kenne so was nur von Kollegen aus Kanada, die das von Hunden erzählen, die Begegnungen mit Stachelschweinen hatten. Deswegen würde er gerne seine Studenten dazuholen, wenn das für mich okay wäre. Dadurch würde die OP auch günstiger werden.

Und dann haben wir das so gemacht. Weil, für den üblichen Behandlungssatz hätte ich mir ein kleines Auto kaufen können. Und so waren's nur, in Anführungsstrichen, dreieinhalbtausend Euro. Leider kam's aber während der OP zu einer Darmeinblutung; wahrscheinlich von dem Kortison, das Balu vorher verabreicht bekommen hat. Da waren wohl die Medikamente – hat man im Nachhinein rausgefunden – zu hoch dosiert worden. Und daraufhin ist sein ganzes System kollabiert. Er hat wahnsinnig geblutet, hinten ausm Darm raus, und über einundvierzig Grad Fieber gehabt. Der Arzt hat's gerade noch geschafft, den Fremdkörper aus dem Auge zu holen, musste aber dann die OP abbrechen, um Balu sozusagen noch mal zurückzuholen.

Als ich ihn abholen wollte, hab ich eigentlich nur nen Arzt gesehen, der von oben bis unten voll Blut war. Und er hat dann zu mir gesagt, das liegt jetzt nicht mehr in seiner Hand, ob der Hund das überlebt, das liegt in Gottes Hand. Wir können Balu mitnehmen, aber wir sollen gleich zum Tierarzt fahren, damit er noch mal ne Infusion kriegt. Und es wär auch besser, wenn er dort ne Nacht bleiben würde. Mein Freund und ich haben dann so Metzgerkittel umgebunden gekriegt und Balu runtergetragen zum Auto. Danach haben wir beide ausgeschaut, als hätten wir ein Tier geschlachtet. Es war derart viel Blut, das Balu verloren hat … Er sah aus wie tot.

Dann hat ihm unsere Tierärztin diese Infusion gelegt, hat aber schon gesagt, sie kann's mir nicht versprechen, dass er durchkommt. Wenn er die Nacht übersteht, wird er's wohl schaffen. – Also hab ich mich neben ihn gesetzt und bin die ganze Nacht bei ihm geblieben, dort auf dem Boden. Eigentlich hatte ich gar nicht das Gefühl, dass er mich wahrnimmt. Aber am nächsten Tag – wir hatten also die Nacht überstanden, das war ja schon mal super – hab ich mir mittags einen Döner geholt, weil ich fast einen Tag lang nichts gegessen hatte. Und ich setz mich mit dem Döner neben Balu, fang an zu essen, und auf einmal hör ich ein Schnüffeln – und der Kopf geht hoch! In diesem Moment hab ich gewusst: »Okay, jetzt hat er's geschafft!«

Ab dem Zeitpunkt waren wir unzertrennlich. Anscheinend hatte er *doch* irgendwie gemerkt, dass ich über Nacht bei ihm geblieben war. Er war auf einmal total anhänglich, ist mir einfach nicht mehr von der Seite gewichen, hat immer den Körperkontakt gesucht, als würde er sich bedanken wollen. Wir waren auf einmal richtig fest miteinander verbunden; haben auch gar keine Kommandos mehr gebraucht – »Sitz, Platz, Bleib« und so weiter – und auch so gut wie nie ne Leine. Nicht mal in der Stadt. Er hat sich immer an mir orientiert, hat sich umgeschaut, wo ich bin, ob ich ihm ein Zeichen geb, und wenn ich nix gesagt hab, ist er weitergelaufen. Und wenn ich gesagt hab: »Wart mal, bitte«, hat er gewartet. Das war schon sehr prägend in unserer Mensch-Hund-Beziehung.

Ich hatte dann ne schwierige Zeit, weil ich vorübergehend den Kontakt zu meinen Eltern abbrechen musste. Und gleichzeitig ist es mit meinem Freund, mit dem ich sieben Jahre zusammen war, auseinandergegangen. Auf einmal war ich – das war Weihnachten 2007 – allein. Auch finanziell war das eine Herausforderung. Im Januar war's so schlimm, dass ich zeitweise ohne Heizung war; wo's echt saukalt wurde in der Wohnung. In der einen Nacht hab ich dermaßen gefroren … Strom war auch grad noch abgestellt von E.ON. Und ich weiß noch, dass ich geflucht hab und zu Balu gesagt hab: »Wie machen wir denn jetzt Licht?« Da ist er rüber ins andere Zimmer geschlappt, hat die Taschenlampe geholt und hat sie mir vor die Füße gelegt! – Ich hab mir gedacht: »Das gibt's jetzt gar nicht.« Manchmal hat man ja das Gefühl, die verstehen einen. Was natürlich Schmarrn ist. Sie können die Sprache nicht verstehen. Aber anscheinend hab ich irgendwas ausgesendet – dass es mir grad zu dunkel ist oder so was. Und er wusste halt vom Gassigehen, dass man mit der Taschenlampe Licht machen kann. Dass wir damit auch in der Wohnung Licht haben können, war schon eine tolle Transferleistung von ihm. Dann hat er sich vor mich hingesetzt, hat mich angeschaut, mir seinen Kopf aufs Knie gelegt … So nach dem Motto: »Da gehen wir zusammen durch, Frauchen. Mach dir mal keinen Kopf.« Und das hat mir in dieser Phase immer wieder die Kraft gegeben, jeden Morgen aufzustehen, weiterzumachen, zu sagen: »Das schaffen wir. Wir haben bis jetzt alles hingekriegt, und dann kriegen wir das auch hin.«

Dann hab ich übers Internet nen Mann aus Traunstein kennengelernt, Andi. Der saß im Rollstuhl und hat trotzdem viel Stärke und Zufriedenheit ausgestrahlt. Das fand ich faszinierend. 2008 bin ich zu ihm gezogen. Und Balu war total toll. Man hat gemerkt, dass er so richtig auf diesen Menschen aufpasst; ihn also zum Beispiel vor Löchern im Boden warnt … Das hat er schnell kapiert, dass das Stellen sind, die fürn Andi problematisch sind, und hat da gewartet und den Weg so blockiert, dass Andi nicht weiterfahren konnte; hat da also wirklich ein wahnsinniges Gespür und Feingefühl gehabt.

Leider war's dann aber so, dass diese Beziehung in die Brüche ging, sodass wir wieder mal vor einem Umzug standen. Als Nächstes sind wir raus aufs Land, in einen kleinen Ort an der Salzburger Autobahn, weil ich in Salzburg mein Studium zu Ende gebracht hab. Und sind schließlich – nach einem weiteren Abstecher – nach München gezogen, wo ich eine Arbeit gefunden hatte. Auf einmal war Balu also Großstadthund und wir mussten zusammen U-Bahn fahren. Ich hab ihn auch da mit in die Arbeit nehmen dürfen. Da hatte ich immer Glück. Und das hat mir auch gutgetan, dass er dabei war. Weil, wenn ich ihn an meiner Seite hatte, hab ich mich entspannter gefühlt. In der Heimatlosigkeit, die ich in dieser ganzen Phase hatte, und in dem Gefühl, nirgendwo so richtig verwurzelt zu sein, hat er mir Wurzeln gegeben. Und Beständigkeit. Wenigstens *er* war was Beständiges in meinem Leben.

Und er war dann auch so: Wenn er gespürt hat, dass ich traurig war, ist er immer näher zu mir gerückt und hat mich gleichzeitig zum Spielen aufgefordert. So ungefähr: »Ach komm, Frauchen, jetzt nicht schon wieder Trübsal blasen. Hier, nimm mal den Ball. Spiel mal mit mir.« Und das hat immer wieder geholfen, weil ich mich da nicht so hängen lassen konnte.

Und was ich besonders faszinierend fand: Er war ja eigentlich so friedlich und so »pazifistisch«, muss man fast schon sagen, dass er sich sogar von kleinen Rehpinschern hat verkloppen lassen. Aber einmal sind wir abends zusammen an einer Waldlichtung spazieren gegangen. Plötzlich kam aus dem Gebüsch ein Mann gekrabbelt. Blieb stehen. Hat mich angesprochen. So: »Naaa?« Also ganz merkwürdig. Ich hab mir zwar gedacht: »Das ist mir nicht so ganz geheuer«, aber gleichzeitig will man ja auch nicht jedem gleich alles Schlimme unterstellen. Aber Balu hat sofort reagiert. Das war das erste Mal, dass ich meinen Hund hab Zähne fletschen sehen. Das war für mich so grotesk: Dieser friedliche Hund, der immer nur lammfromm war – und im nächsten Moment ist da dieses komplett andere Gesicht. Diese Fratze auf einmal. Wo die Zähne so richtig sichtbar werden. Ich hab nur gedacht: »Okay …

Wow! Äh, gut!« Das fand ich schon sehr beeindruckend. Da bin ich ihm noch heute dankbar. Weil er sich sonst eigentlich immer auf meine Führung verlassen hat. Und sich an mir orientiert hat. Aber in dem Moment hat er offenbar mehr gespürt als ich. Und hat die Situation für mich übernommen. Der Mann war auch ganz schnell wieder weg.

Und dann hab ich, als wir in München waren, zu meinem großen Glück den Thomas kennengelernt. Ich bin mit Balu über den Weihnachtsmarkt in Haidhausen geschlendert und hab mir an einem Stand ne Bratwurstsemmel gekauft. Und Balu saß vor mir, hat mich ständig angestarrt und gesabbert, weil er was von dieser Semmel haben wollte. Ich hab ihm aber nix abgegeben. Und da hat Thomas, der zufällig danebenstand, zu mir gesagt: »Jetzt gib halt dem armen Kerl mal was ab.« Dann hat Balu zu *ihm* geschaut, so nach dem Motto: »Krieg ich vielleicht *von dir* ne Wurst?« Bis Thomas gesagt hat: »Komm her, du armer Kerl. Kriegst halt von mir was.« Und daraufhin sind wir ins Gespräch gekommen. Über den Hund quasi. Der hat uns sozusagen zusammengeführt.

Thomas hatte, als ich ihn kennengelernt hab, noch ne Hofstelle im Unterallgäu. Also bin ich von München aus zu ihm gezogen. Aber er hat sich in diesem Dorf unglücklich gefühlt, weil dort irgendwie jeder gegen jeden war. Nur hatte er diesen Hof auf Leibrente übernommen. Leibrente heißt: Man zahlt dem Besitzer lebenslang Rente. Dann ist der allerdings verstorben. Wodurch Thomas automatisch Besitzer des Hofs wurde und wir auf einmal die Möglichkeit hatten, woanders noch mal neu anzufangen.

Und das haben wir 2014 getan. Wir haben den Hof hier gekauft – und erst ab diesem Moment ist Balu so richtig zum Hund geworden, finde ich. Da hat er das Hofhundleben für sich entdeckt. Vorher fand er's schrecklich, im Regen spazieren zu gehen. Und – ach! – sich die Pfoten nass machen, geht ja gar nicht. Aber dann hat er sich hier mit der Zeit derart eingelebt und seine Aufgabe darin gefunden, alles zu bewachen, dass er gar nicht mehr im Haus schlafen wollte. Also hab ich ihm ne dicke Matratze auf die Terrasse gelegt. Unterm Balkon, weil's da nicht hinregnet. Und da sind natürlich Fuchs, Dachs, alles, nachts vorbeigekommen. Das fand er derart spannend; weil, dann konnte er die anbellen und mal Chef sein. Wobei er aber immer auf dem Grundstück rund ums Haus geblieben ist. Sobald der Fuchs in den Wald reingerannt ist, hat Balu abgebremst, ist umgedreht und zurückgekommen. Das war dann sein Leben. Es war richtig schön zu sehen, wie der Hund noch mal so aufblüht. Vor allem, weil er damals schon krank war. Und zwar hat man bei ihm, schon während der Zeit auf dem vorigen Hof, einen Tumor festgestellt. Der war rausoperiert worden und die Tierärztin hat gesagt, sie hofft, dass es dadurch gut ist. Aber nach zwei Jahren kam das wieder. Nur war er da schon so alt, dass ich gesagt hab: »Nee, nicht noch mal operieren«, weil so ne Operation in seinem Alter ja auch ne Belastung gewesen wäre.

Und dann haben wir da nichts unternommen. Ihm ging's aber so weit gut. Er zeigte keine Beeinträchtigung oder Schmerzen und hat noch lange mit diesem Krebs gelebt. Als ob diese letzte Zeit – weil es ihm halt so gut ging, sag ich immer – *seine Chemotherapie* gewesen wär. Weil er hier so glücklich war, dass der Körper wahrscheinlich ständig Endorphine oder was auch immer ausgeschüttet hat. Er ist jeden Tag mit mir vorgegangen zum Briefkasten. Das sind hin und zurück zwei Kilometer. Er hat die Zeitungen heimgetragen ... Das fand er super. Und er hat auch nach wie vor draußen schlafen wollen; sogar im Winter; wo ich gesagt hab: »Das geht nicht, der Hund, der friert«, und ihn reingeholt hab. Aber dann stand er jedes Mal an der Terrassentür und hat gewinselt, dass er rauswill. Also hab ich ihn meist rausgelassen. Außer wenn's nachts kälter als minus zehn Grad war. Da hab ich ihn reingeholt. Ob er wollte oder nicht. Aber ich denk, dass da einfach sein Urinstinkt durchgekommen ist. Berner Sennenhunde sind ja als Hofhunde, Wachhunde gezüchtet. Es war für ihn total erfüllend, hier den Hof zu überblicken, alles zu überwachen, zu schauen: wer kommt, wer geht …?

Manchmal, wenn ich das so beobachtet hab, hab ich mir natürlich schon gedacht: »Gott, was hab ich meinem Hund vorher für ein Leben angetan?« Vermutlich hat das alles überhaupt nicht seinen Bedürfnissen entsprochen. Und erst zum Schluss hat er das Leben geführt, das er von Anfang an gebraucht hätte. Aber es war ja auch so: Wir waren *beide* noch nicht da, wo wir eigentlich hingehört hätten. Bei mir war's letztlich dieses: mit den Tieren arbeiten. Das körperliche Arbeiten, das Draußensein, diese Selbstbestimmtheit und Freiheit, die man, trotz aller Unfreiheit, hat. Denn man ist natürlich gebunden an die Tiere, an die Uhrzeiten mitm Melken. Wir haben hundertachtzig Milchziegen. Da musst du dreihundertfünfundsechzig Tage im Jahr füttern und melken. Aber du bist frei in dem, wie du dir deinen Tag einteilst, und auch, *was* du machst an dem Tag. Das genieße ich alles sehr. Es ist ein sehr vielfältiger Beruf. Obwohl: Beruf nenn ich's eigentlich gar nicht; das ist jetzt einfach mein Leben.

Und das war schön, irgendwann zu merken, dass wir nach unserer langen Wanderschaft endlich ans Ziel gekommen waren – Balu und ich. Wir waren beide angekommen, wo's uns gut ging und wo wir unserer Berufung nachgehen konnten. Er seiner und ich meiner. Und trotzdem gemeinsam.

Die Erzählerinnen und Erzähler

Walter »Walti« Bayer

Der heute 86-Jährige war jahrzehntelang Hauptwärter der Menschenaffen im Basler Zoo. Noch heute lebt er mit seinen beiden Pfötchen gebenden Katzen um die Ecke des Eingangs. Er ist leidenschaftlicher Taucher (immer noch!) und Kopist berühmter Ölgemälde (in seinem Wohnzimmer hängt z. B. Rousseaus Urwaldlandschaft mit Leopard).

Rolf Beutler

Bewirtschaftet seit dreiunddreißig Jahren eine große und abgelegene Hochalp an der Grenze von Graubünden nach Italien, mit etwa zwölfhundert Schafen, einigen Ziegen und Eseln – und, das Wichtigste: seinen drei, vier Hütehunden. Die liebt er sicher auf andere Weise als ein Städter seinen Knuddelmops; es ist eine Liebe, die auf Zusammenarbeit beruht und deswegen auf Wertschätzung. Vielleicht kam sie mir deshalb so normal vor. So wenig übertrieben.

Sabine Bruns

War in den Neunzigerjahren eine der ersten Tierphysiotherapeutinnen Deutschlands. Heute ist sie außerdem Autorin und (ganz neu!) Clownin. Als wir uns in einem Café in einer Kleinstadt im niedersächsischen Flachland bei Bremen treffen, geht es ihr vor allem um ein Miteinander mit dem Tier auf ganz anderer Ebene, abseits der jahrhundertelang eingespurten Bahnen, in denen wir sonst über Tiere denken.

Paula Frei

War zum Zeitpunkt des Treffens neun Jahre alt. Saß einen Großteil der Unterhaltung mit ihrem Zwerghahn im Arm da und knabberte Schokokekse. Der Hahn war's zufrieden und schlief irgendwann ein.

Roland Gockel

Aus Duisburg stammender Tierfilmer. Wenn man versucht, ihn zu erreichen, ist er entweder an der kanadischen Westküste unterwegs, an irgendwelchen italienischen Seen oder robbt mit seiner Kamera am Rhein durch die Auen. Dabei könnte er in seiner schönen, mit Tierandenken angefüllten Berliner Dachgeschosswohnung ganz gemütlich leben.

Karin Hediger
Seitdem sie tiergestützte Therapie nun auch auf dem Bauernhof anbietet, sieht sie Blacky nicht mehr allzu oft. »Aber auch wenn ich mal zwei, drei Monate weg war: Es ist dennoch eine tiefe Verbundenheit da. Man weiß, man kann sich aufeinander verlassen. Es ist, wie wenn man einen guten alten Freund trifft, den man schon lange nicht mehr gesehen hat, und man muss sich gar nicht viel sagen.« Und das mit einem Huhn!

Oliver Höner
Das Gespräch fand zwischen bunt schillernden Aquarien im riesigen, fast leeren Restaurant des Tierparks Berlin statt, wo der Schweizer Forscher seit vielen Jahren am Leibniz-Institut für Zoo- und Wildtierforschung arbeitet (unter anderem als Leiter des Hyänen-Projekts in dem Krater mit dem unaussprechlichen Namen: Ngorongoro).

Mechthild Knösel
Betreibt mit ihrem Mann ein schönes, riesiges, an die Romane von Fontane und Keyserling erinnerndes Hofgut am Bodensee und gilt als Wegbereiterin einer Milchviehhaltung, bei der die Kuhmütter ihre Kälber selbst aufziehen dürfen. Dass sie außerdem seit Jahren darum kämpft, ihre Tiere auch selber töten zu dürfen, obwohl sie so an ihnen hängt, nötigt mir allergrößten Respekt ab.

Sabine Mayr
Lebt auf einem wunderschönen Voralpen-Hof, samt Bergpanorama, See, einer Herde hübschester weißer Bio-Milchziegen – und hat eine unglaublich schlaue und selbstständige kleine Tochter. Alles gut also, nach dem ganzen Heckmeck? Scheint fast so.

Karin Müller
Lebt auf einem urigen Fachwerkhof nördlich von Hannover und hat eine schier unglaubliche Zahl von Kinderbüchern geschrieben, nicht ganz so viele Sachbücher über Tiere und bislang einen Roman – außerdem ist sie Dozentin, Heilpraktikerin und Mutter. Wie macht man das?

Maria Anna Müller
In ihrem »ersten Leben« Erziehungswissenschaftlerin und in der Ausbildung von sozialen Berufen tätig. Arbeitet inzwischen seit vielen Jahren jeden Sommer als Älplerin (das heißt Ziegenhirtin/-melkerin, Käsemacherin, Köchin, Tier-Homöopathin etc.) auf der wahrscheinlich höchstgelegenen und sicherlich schönsten Alp von Graubünden (siehe Rolf Beutler).

René Nebas
Bildender Künstler aus Buchloe im Allgäu, wo er eine Kunstschule leitet und in einem selbst entworfenen Tempel wohnt. Zwischen Farben und Formen. Und mit Frau und Katze.

Dorothea Ott
Zollbeamtin aus dem niederrheinischen Flachland zwischen Köln und Mönchengladbach. Als wir uns auf der Terrasse des Museums Ludwig in Köln trafen, hatte sie noch viel mehr Geschichten auf Lager. Zum Beispiel die, wie die Ratte einmal eine Klopapierrolle von der Halterung rollte und durch die ganze Wohnung abwickelte; hin und her und kreuz und quer. *Rat Art!*

Gudrun Pflüger
Diplom-Biologin, ehemaliges Mitglied der österreichischen Skilanglauf-Nationalmannschaft und vielfache Berglauf-Weltmeisterin. Nach zehn Jahren in Kanada lebt sie heute in einer kleinen Stadt mit Blick auf die österreichischen Zentralalpen (und einem gerahmten Foto von ihrer Begegnung mit den Küstenwölfen auf dem Fensterbrett).

Tom Putzgruber
Der gebürtige Wiener betreibt in Salzburg seit über zwanzig Jahren den Tierschutzverein RespekTiere. Ein unglaublich sanftmütiger und freundlicher Mensch, der aber in puncto Tierrecht kein Pardon kennt und immer wieder Missstände aufdeckt. Auch das passt zusammen.

Elisabeth Rietzler
Wenn man in Graubünden durch die Berge wandert, sieht man immer noch halb verfallene Steinhaufen, in denen die Hirten vor Hunderten von Jahren lebten. Genau so, oder zumindest ähnlich, muss das Leben dort für Elisabeth Rietzler gewesen sein. Auf den alten Fotos sieht man, wie man in Prä-Goretex-Zeiten angezogen war. Fünf Schichten Wolle! Dazu die fast

fensterlose Hütte. Aber was macht man, wenn's schwierig wird? Man rückt zusammen. »Wenn die Tür offen war, ist zuerst der Esel reingekommen, dann die Schafe und hinterher die Kuh. Die Viecher, die wir um uns rum hatten, das war alles Großfamilie.«

Martina Schiestl
erzählte mir auch noch die Geschichte von einer Aborigine-Frau, die einen Angelwettbewerb gegen hunderte, bis an die Zähne hochgerüstete weiße Fischer gewann, indem sie sich ans Wasser stellte und die Fische zu sich *sang* (und sie dann wieder freiließ). So weit ist Martina vielleicht noch nicht ganz, aber sie ist für mich Teil einer Strömung, die einen ganz anderen Umgang mit dem Tier in der Forschung beinhaltet. Nämlich einen, in dem Dinge wie Herz und Gefühl, ethisches Verantwortungsbewusstsein und auch eine gänzlich unabgehobene Spiritualität überhaupt erst die Basis bilden für Fakten und den Intellekt.

Michael Schrödl
Das Gespräch mit dem Artenforscher fand in den nicht gerade schönen Betonkatakomben der Zoologischen Staatssammlung München statt. Aber spätestens mit seinem »ich bin der Michi« und einer großen Tüte Schokocroissants hatte er ein heimeliges Ambiente geschaffen, sozusagen den Boden bereitet für eine ganze Reihe atmosphärisch dichtester Geschichten. Die Auswahl fiel dennoch leicht. Die staunende Schnecke musste es sein.

Heide Schulz-Vogt
Wurde bereits als junge Doktorandin (unmittelbar nach der Zeit mit dem Pinguin in Chile) zu einer kleinen Sensation in der Wissenschaftswelt, als sie vor Namibia die bisher größten Bakterien der Welt entdeckte. Heute wissen es die Meeresbiologie-Studenten an der Uni Rostock hoffentlich zu schätzen, dass sie eine so warmherzige Professorin haben.

Elmar Stertenbrink
Betreibt seit dreißig Jahren eine auf die Arbeit mit Pferden im Wald spezialisierte Fuhrhalterei und hätte ebenfalls noch den ganzen Abend leidenschaftlichst/subtilst von seinen Pferden und von gemeinsamen Abenteuern aus dem nordrhein-westfälischen Mischwald erzählen können.

Christian Torp
Wäre fast mal pleitegegangen, als er plötzlich anfing, Akupunktur ohne Nadeln zu machen – und das dann auch noch beim Menschen! Hat sich aber zum Glück berappelt und lebt so immer noch auf einem schönen, zwar nicht meerumtosten, aber bei Wind und Wetter genau so wirkenden Anwesen in der Nähe von Kiel.

Markus Unsöld
Man merkt dem aus der Nähe von Schwäbisch-Hall stammenden Biologen seine Begeisterung für Waldrappe nicht nur an – er kennt die Vögel so gut, dass er auch ein Gespür für deren Stimmungen hat. Das fand ich für mich (ähnlich wie bei Martina Schiestl) am beeindruckendsten – dass solche Dinge nichts mit Vermenschlichung zu tun haben, sondern mit langer Erfahrung und tiefem Kontakt: Je besser ich ein Tier kenne, desto mehr angeblich mensch-exklusive Gefühle oder Verhaltensweisen stelle ich an ihm fest.

Ingrid Walser
Gegenüber der Münchner Trabrennbahn: ein altes Einfamilienhaus mit einem großen Garten. Im Garten selbst überall Tiere, einzeln oder getrennt voneinander (Zwerghühner, große Schildkröten, ein traumatisierter und deswegen mit Vorsicht zu genießender Hund, kleine Piepmatze, die gerade handaufgezogen werden, Enten …). In der Küche steht das Fenster offen. Vögel fliegen herein, setzen sich auf die Stuhllehne und schauen, ob was zu holen ist. Das (und die tiefe Dankbarkeit für all das) ist für mich Frau Walser.

Manfred Weindl
Treffen in Passau. Mit seinen Piercings und den langen Haaren wirkt der Mann wie ein Abenteurer, ein Rock'n'Roller, der auch gut in ein aufgeklärteres Eckchen von Texas passen würde, aber sicherlich nicht wie ein ehemaliger Polizist. Und gleichzeitig würde er nie etwas auf seine alten Kollegen kommen lassen. Ganz groß!

Bildnachweis

Klappe vorn:
»Sie konnte jede Tür aufmachen« – Wutz, noch nicht allzu voluminös, steht plötzlich im Künstleratelier (2008). © René Nebas

Heide Schulz-Vogt mit dem Pinguin im Labor – neben der so wichtigen und in Chile so raren Heizung (1996). © Heide Schulz

Interesse als Motivation: Rabenmädchen Joey lugt ins Experimentierabteil, um die nächste Aufgabe zu erspähen (2014). © Martina Schiestl

Blind, aber immer in Kontakt: Sam (2017). © Sabine Bruns

Eine besondere Freundschaft: Solitärdelfin Duggie mit Ben, dem Labrador eines irischen Fährmanns (2011). © Roland Gockel

»Ach nein, ich sollte ja nicht …« – Therapiehuhn Blacky hält schweren Herzens inne, bis der Patient die Futterkräuter geschnitten hat (2020). © Karin Hediger / REHAB Basel

Klappe hinten:
Der verletzte Arbeitsesel wird von seinem Freund tagelang getröstet (2018). © Tom Putzgruber / Verein RespekTiere

»Was hab ich denn *da* jetzt?« – Dorothea Otts winzig kleiner Rattenmann kurz nach seiner Rettung aus der Rur (2018). © Dorothea Ott

»Schon immer Hennen gezähmt« – die damals sechsjährige Paula mit Zwerghühnern im Garten (2017). © Anne Frei

Beim täglichen Frühstück im Basler Zoo. Gorillafrau Goma lässt ihren Freund Walter Bayer mal beißen (1973). © ETH-Bibliothek Zürich, Bildarchiv / Fotograf: Josef Schmid

Zwei unvermutete Gewinner – Girly und Manfred Weindl (2012). © Manfred Weindl

»In jeder Beziehung ein Wahnsinnsvogel«: Waldrapp GoJa während der Migration in den Süden (2009). © Markus Unsöld

Zwei Bündner Strahlengeißen mit sehr unterschiedlichen Gemütern: Wanda und Anna – vor einem die Hütte umgebenden Dreitausender (2016). © Maria Anna Müller

Innenteil:
Seite 60: »Nicht so hübsch wie von manchen Leuten der Pudel«, aber eine Persönlichkeit: Wolfshund Luxi mit Ingrid Walsers Sohn Stefan (1966). © Ingrid Walser

Seite 91: »Genauso auf den Arm genommen wie die Katze«: Die damals sechsjährige Anna mit dem Murmele (1997). © Elisabeth Rietzler

Seite 107: »Eine ganz große Seele« – Therapiepferd Leo mit dem so nützlichen breiten Hinterteil (1995). © Sibylle Wiemer

Seite 130: Straßenhund Tom bewahrt den Tierschützer im Schneegestöber vor der Polizei (2010). © Tom Putzgruber / Verein RespekTiere

Seite 137: Der sanftmütige Lampone bei der Fellpflege eines Weibchens (2014). © Oliver Höner

Seite 181: »Okay, wenn du nicht nett zu mir bist, arbeite ich nicht« – Rolf Beutlers feinfühliger »Haupthund« Ciocco ruht sich erst mal aus (2017). © Maria Anna Müller

Seite 192: Rosis Freundin Lena mit Elmar Stertenbrink im Duisburger Stadtwald (1990). © Elmar Stertenbrink

Seite 204: Dan benutzt Werkzeug, um an Fleisch zu kommen – und es vielleicht hinterher seinem Bruder zu geben (2016). © Martina Schiestl

Grandiose Anpassungsleistung